I0043440

Minea Sorin

Simulation des phénomènes aéroélastiques des pales d'éoliennes

Drishtysingh Ramdenee
Adrian Ilinca
Minea Sorin

Simulation des phénomènes aéroélastiques des pales d'éoliennes

Aéroélasticité des pales d'éoliennes - couplage
fluide structure

Presses Académiques Francophones

Impressum / Mentions légales
Bibliografische Information der Deutschen Nationalbibliothek: Die Deutsche Nationalbibliothek verzeichnet diese Publikation in der Deutschen Nationalbibliografie; detaillierte bibliografische Daten sind im Internet über http://dnb.d-nb.de abrufbar.

Information bibliographique publiée par la Deutsche Nationalbibliothek: La Deutsche Nationalbibliothek inscrit cette publication à la Deutsche Nationalbibliografie; des données bibliographiques détaillées sont disponibles sur internet à l'adresse http://dnb.d-nb.de.

Coverbild / Photo de couverture: www.ingimage.com

Verlag / Editeur:
Presses Académiques Francophones
ist ein Imprint der / est une marque déposée de
OmniScriptum GmbH & Co. KG
Heinrich-Böcking-Str. 6-8, 66121 Saarbrücken, Deutschland / Allemagne
Email: info@presses-academiques.com

Herstellung: siehe letzte Seite /
Impression: voir la dernière page
ISBN: 978-3-8381-4865-6

RÉSUMÉ

Ce projet porte sur l'étude des effets aéroélastiques sur les pales d'éoliennes. Les travaux ont porté sur l'étude analytique des phénomènes aéroélastiques pour mieux comprendre les conséquences intrinsèques de ces évènements, le choix d'un logiciel approprié pour simuler de la manière précise les interactions fluide-structure, la calibration du logiciel (le maillage, les modèles de turbulence, les modèles de transition, etc.) et la comparaison des résultats avec des données expérimentales disponibles, à des fins de validation. Une contribution originale porte sur la simplification du modèle très précis, basé sur des méthodes numériques d'analyse du couplage fluide-structure (volumes finis pour la partie fluide et éléments finis pour la partie structure) en un modèle concentré ("lumped") pour permettre le contrôle adaptatif de l'amortissement en temps réel dans l'optique de diminuer les effets aéroélastiques.

L'étude des phénomènes aéroélastiques demande un couplage entre l'analyse de la structure de la pale et l'écoulement du fluide. Un couplage itératif utilisant les volumes finis pour la modélisation de l'écoulement et les éléments finis pour déterminer les déformations de la structure est très complexe et exigeant en temps calcul. De ce fait, il fut essentiel de choisir le logiciel ou les logiciels permettant de décrire ces phénomènes de manière efficace et intégrée. Dans un premier temps, une étude des nombreux logiciels fut faite sur des études de cas permettant d'évaluer la capacité à résoudre des problèmes d'ordre purement aérodynamique et aéroélastique. Suite à cette étude, nous avons conclu que l'utilisation du logiciel intégré ANSYS en couplant son module fluide CFX et son module structurel ANSYS serait la plus intéressante surtout en termes de précision. Afin de bien maîtriser ce logiciel très évolué, mais peu convivial pour calibrer les différents paramètres, nous avons simulé des cas de décrochage aérodynamique sur un profil S809. Le choix de ces cas fut dicté par la disponibilité de données expérimentales. Dans cette partie, l'emphase fut mise sur la calibration des domaines d'études, de la taille du maillage, des modèles de turbulence et de transition. Nous avons déterminé dans cette partie, décrite dans le premier article (chapitre deux du mémoire) les paramètres appropriés qui ont servi par la suite pour la simulation des autres phénomènes aéroélastiques, décrits dans le troisième chapitre de cet mémoire (deuxième article).

Une fois le logiciel choisi et calibré, les analyses se sont concentrées sur le couplage fluide-structure pour simuler deux phénomènes aéroélastiques, la divergence

1

et le flottement aérodynamique. La divergence fut traitée dans deux articles publiés et présentés au « *Canadian Society of Mechanical Engineers – 2010 Congress – Victoria, British Columbia* ». Ces deux articles ne figurent pas dans ce mémoire, car les aspects importants et les contributions originales y figurant sont repris en grande partie dans les deux articles faisant partie de cet mémoire. Le flottement aérodynamique fut en premier lieu simulé en utilisant le couplage ANSYS-CFX. Dans ce cas, nous avons remarqué que la difficulté majeure était le temps et les capacités de calcul requis. Les résultats numériques de la divergence et du flottement furent comparés avec les résultats expérimentaux obtenus au NASA Langley Centre. Les résultats furent très encourageants au niveau de la précision, mais nous avons conclu que le temps de calcul ne permettait pas d'utiliser les données pour un contrôle en temps réel dans un but d'atténuer les effets aéroélastiques. Ainsi, nous avons utilisé les données de nos simulations pour bâtir un modèle simplifié, mais précis sur le logiciel Simulink de Mathlab© capable de prédire les effets aéroélastiques rapidement et qui pourrait être utilisé pour un contrôle en temps réel des effets aéroélastiques. Les résultats obtenus pour le flottement aérodynamique en utilisant les deux modèles sont détaillés dans le chapitre trois, soit le deuxième article de cet mémoire.

Mots clés : aéroélasticité, couplage fluide-structure, décrochage, flottement aérodynamique, ANSYS, CFX

ABSTRACT

This project concentrates on the study of aeroelastic effects affecting wind turbines blades. The first objective of this project was to conduct an analytical study of the intrinsic aeroelastic effects, choose the most appropriate software for aeroelastic effects simulation, calibrate the tool (the mesh size, the turbulence models, the transition models, etc.) and compare with existing experimental results to validate the model. As second objective, the project simplified the very precise CFD (Computational Fluid Dynamics) model based on coupling finite volume and finite element tools into a lumped method that can be applied to real time control algorithms.

The study of aeroelastic phenomena requires fluid-structure interaction analysis. In other words, the project will require iterative coupling of finite volume for fluid analysis and finite elements for structural analysis in a complex algorithm having high computational and time requirements. Several upstream studies, thus, became essential to optimize computations and avoid simulations with insufficient accuracy or too large resources. In the first place, several software solutions have been studied with regard to their abilities to solve aerodynamic and aeroelastic problems. These studies allowed us to conclude on the advantages of using ANSYS software whilst coupling its structural module with its fluid module, CFX. In order to master this very precise but not so user-friendly software and to calibrate it, we have simulated dynamic stall cases on an S809 airfoil. The choice of these cases was motivated by the availability of experimental results. At that stage, emphasis was laid on the calibration of the study domain, the mesh size, the turbulence models and the transition models. We have concluded in this section (first article, chapter two of this thesis) upon the influence of the former parameters and their optimal values for the simulation of other aeroelastic phenomena described in the third chapter of this thesis.

The following phase of the project focused on fluid-structure interaction to simulate two other complex aeroelastic effects: divergence and flutter. The divergence phenomenon was elaborated in two published and presented articles at the «*Canadian Society of Mechanical Engineers – 2010 Congress – Victoria, British Columbia*». Aerodynamic flutter was primarily simulated using ANSYS-CFX. We observed that the major difficulty in this simulation was due to the enormous computational and time requirements. The obtained results were compared with experimental data obtained at the NASA Langley Centre. Despite the accuracy of our results, we concluded that the computation time made impossible the use of the method to implement real time control mechanisms in an attempt to quench the aeroelastic charges. Therefore, results of our CFD based simulations were used to build a simplified model on Matlab-

3

Simulink software, capable of virtually "instantaneously" predict aeroelastic effects and aspiring to be used in a real time algorithm to control aeroelastic effects on wind turbines blades. The results and analysis of the latter obtained by the both the CFD and Matlab based models are detailed in chapter three of this thesis via a second article published and presented at the «*International Conference on Integrated Modeling and Analysis in Applied Control and Automation – Rome, Italy, 2011*».

Key words: aeroelasticity, fluid-structure interaction, stall, aerodynamic flutter, ANSYS, CFX

TABLE DES MATIÈRES

LISTE DES FIGURES

LISTE DES ABRÉVIATIONS, DES SIGLES ET DES ACRONYMES

ρ	La densité de l'air en kg/m^3
S	La surface traversée par le vent en m^2
V	La vitesse de vent en m/s
P	La puissance disponible dans le vent
C	Corde du profil aérodynamique
α	Angle d'attaque
K_α	Coefficient de rigidité
W	Poids de la pale
CD	Coefficient de traînée
CL	Coefficient de portance
LREE	Laboratoire de Recherche en Énergie Éolienne
AOA	Angle d'Attaque
CFD	Computational Fluid Dynamics
CAO	Conception Assistée par Ordinateur

CHAPITRE 1

INTRODUCTION GÉNÉRALE

1.1 MISE EN SITUATION

L'énergie éolienne est actuellement le type d'énergie renouvelable qui connait la plus forte croissance au Canada et dans le monde. L'énergie éolienne est non polluante, abondante et non exhaustive. Ce type d'énergie pourrait permettre à l'économie mondiale de se reposer majoritairement, sinon complètement, sur des énergies renouvelables. Cependant, au Canada, le pourcentage d'énergie produit via l'énergie éolienne, comparé à celui produit via les barrages hydroélectriques et le charbon est très faible malgré la croissance importante du premier [1]. Selon des chiffres émis par l'Association Canadienne de l'Énergie Éolienne (Canadian Wind Energy Association - CANWEA) en mars 2012, l'énergie éolienne assure 2.3 % de la demande d'électricité canadienne avec une capacité de production de 5403 MW de puissance électrique. CANWEA a proposé une stratégie de développement de l'énergie éolienne selon laquelle la production de puissance à partir de l'éolien devra assurer 20 % de la demande en énergie électrique du pays. CANWEA fait aussi mention que des projets totalisant plus de 6000 MW d'énergie éolienne ont déjà été acceptés et seront construits d'ici 5 ans. La croissance de l'industrie éolienne sera encouragée par une amélioration de la technologie. En d'autres mots, le coût de production de l'énergie éolienne devra connaitre une baisse considérable grâce à l'augmentation de l'efficacité des machines. Encore, ce même rapport[1] de CANWEA fait mention d'un investissement de 79 milliards de dollars pour assurer cette croissance qui s'accompagnera de plus de 53 000 emplois et une réduction de 17 méga tonnes en émission de gaz à effet de serre.

1.2 LES DÉFIS ASSOCIÉS AUX TURBINES ÉOLIENNES

La demande d'énergie électrique dans le monde est en croissance constante et les exigences de développement durable et d'utilisation minimale de matériaux deviennent de plus en plus importantes autant pour des raisons économiques qu'environnementales. Les turbines éoliennes suivent une tendance vers le gigantisme

---

[1] http://www.canwea.ca/images/uploads/File/NRCan_-_Fact_Sheets/canwea-factsheet-economic-web.pdf

9

ce qui se traduit par l'augmentation de la longueur des pales couplée à une réduction de leur épaisseur afin d'augmenter la capacité de production électrique et diminuer l'utilisation des matériaux et les coûts. De plus, elles sont souvent installées dans des zones très froides afin d'augmenter la production en profitant des vitesses supérieures de vent ainsi que de la densité plus élevée de l'air. Ces turbines plus flexibles en raison de leur plus grande taille sont donc plus fragiles, et lorsque situées dans des zones de grands froids, peuvent être sujettes à l'accumulation de givre. Il y a ainsi plus de risques que les pales soient sujettes à des vibrations, des déformations et autres sollicitations aéroélastiques [2]. Il a été démontré que ces sollicitations ont un impact majeur sur la production électrique. Ces sollicitations induisent aussi des effets de fatigue sur les pales des éoliennes diminuant ainsi leur durée de vie et, dans certains cas, causant des bris. Ces raisons font que l'étude de ces phénomènes est d'une importance majeure.

1.2.1 Problématique

Les phénomènes aéroélastiques [3] sont le résultat d'une interaction entre les forces aérodynamiques, élastiques et d'inertie et influencent la conception des turbines éoliennes. Les contraintes induites à cause de l'interaction fluide-structure sont nommées sollicitations aéroélastiques. L'aéroélasticité se trouve être un domaine de recherche essentiel de nos jours pour permettre l'évolution des turbines éoliennes vers le gigantisme tout en réduisant les coûts de fabrication. Les recherches ont démontré que les turbines commerciales sont sujettes à trois phénomènes aéroélastiques majeurs : les vibrations induites par le décrochage aérodynamique, la divergence aéroélastique et le flottement (flutter). Les recherches dans ce domaine ont démontré l'influence des paramètres tels que le type de turbine, la vitesse du vent et les paramètres des pales (centre de gravité, les profils aérodynamiques utilisés, …) sur les déformations et les vibrations. Ce type de corrélation fut possible grâce à la modélisation et simulation précise et souvent laborieuse de ces phénomènes aéroélastiques qui permettent la prédiction de leurs impacts sur la durée de vie et la production énergétique des turbines.

1.2.2 Modélisation des phénomènes aéroélastiques

L'interaction fluide-structure constitue l'élément clé sur lequel repose la modélisation de ces phénomènes. L'effet combiné et itératif des forces aérodynamiques déforme les structures modifiant en retour les forces aérodynamiques. Selon divers paramètres comme la vitesse du vent et/ou la vitesse de rotation, ce processus peut converger vers une situation d'équilibre entre les forces aérodynamiques et les déformations ou, au contraire, mener à une « divergence » résultant le plus souvent dans un bris de l'équipement. Plusieurs modèles existent pour déterminer les forces aérodynamiques, parmi lesquels :

- La méthode de l'élément de la pale [4], basée sur la combinaison de la théorie du moment unidimensionnel, la théorie de la pale et la forme 2D des profils;
- Des techniques de lignes de courant et de vortex pour la modélisation tridimensionnelle (limitées aux fluides non visqueux) [5];
- La théorie du disque et solution par différences finies des équations différentielles de l'écoulement [6];
- Les méthodes basées sur la mécanique des fluides numérique (Computational Fluid dynamics, CFD) dans lesquelles les équations de Navier Stokes sont résolues.

Le défi majeur reste toujours le couplage des modèles structuraux et aérodynamiques qui peuvent être de complexité et précision différente. Ainsi, la validation des résultats numériques par des données expérimentales ou solutions analytiques est essentielle.

1.3 OBJECTIFS

L'impact et les conséquences des effets aéroélastiques sont difficiles à quantifier sans des essais expérimentaux et des simulations numériques. Le coût des essais en soufflerie étant élevé, une approche par simulations numériques permet de fournir des informations moins couteuses sur les risques de bris, les comportements aérodynamiques et les déformations structurelles selon différentes configurations d'éoliennes et des conditions météorologiques. La simulation numérique de l'écoulement de l'air autour des profils aérodynamiques utilisés dans l'éolien pour déterminer l'impact sur la structure et sur le comportement dynamique de cette dernière est indispensable à la conception des systèmes de contrôle aéroélastiques. En premier lieu, un logiciel commercial CFD devra être choisi sur un compromis entre la précision, le temps de calcul et la facilité d'utilisation. L'utilisation d'un code commercial non spécialisé dans le domaine d'étude doit être validée avec des études de cas pour lesquelles des données expérimentales sont disponibles. Pour ce faire, dans un premier temps, le logiciel est calibré et le modèle validé par le biais de la comparaison des résultats des simulations du décrochage aérodynamique sur des profils S809 avec des données expérimentales. Ce faisant, la calibration permet d'optimiser la grandeur du domaine d'étude, la taille des mailles, les modèles de turbulence et les modèles de transition. Une fois cette phase accomplie, le travail portera sur la modélisation et la simulation de deux phénomènes aéroélastiques complexes et dangereux, la divergence aéroélastique et le flottement. Finalement, nous utilisons les résultats de nos simulations dans un algorithme de contrôle, en construisant un modèle numérique simplifié (« lumped ») capable de prédire le comportement aéroélastique rapidement (en temps réel) et avec précision.

Les objectifs spécifiques du projet sont :

- Identifier, à l'aide d'une revue de littérature, les phénomènes aéroélastiques qui affectent les pales des turbines éoliennes;
- Faire une analyse des phénomènes aéroélastiques, identifier les modèles analytiques, numériques et expérimentaux pour les caractériser;
- Évaluer les logiciels de calcul aérodynamique (CFD) et leur capacité pour l'analyse du couplage fluide-structure et la modélisation aéroélastique;
- Évaluer les capacités du logiciel ANSYS-CFX pour le couplage fluide-structure :
  o Évaluer les équations de transports optimales;
  o Faire une analyse de la dimension du domaine;
  o Faire une analyse du type et de la taille du maillage;
  o Faire une analyse des modèles de turbulence;
  o Faire une analyse des modèles de transition;
  o Faire une analyse du pas de calcul;
  o Faire une analyse de l'algorithme de résolution;
  o Faire une analyse des paramètres de résolution : fréquence réduite, nombre de Courant, etc.
- Modéliser et simuler le décrochage aérodynamique, la divergence et le flottement aérodynamique ;
- Construire un modèle numérique simplifié à partir des simulations CFD pour permettre la prédiction des comportements aéroélastiques en temps réel et l'utiliser avec une stratégie de contrôle.

1.4 MÉTHODOLOGIE

Le choix des outils d'analyse est basé sur un objectif plus général du Laboratoire de recherche en énergie éolienne qui est d'utiliser les logiciels ANSYS et CFX dans un but de coupler les deux autant pour l'analyse aéroélastique des pales d'éoliennes que dans l'étude de l'aérodynamique du terrain, la conception des éoliennes, l'analyse des charges structurales des éoliennes et même dans la modélisation de l'accrétion de glace sur les pales [7] ou la modélisation des échanges thermiques [8]. Dans cette optique, la méthodologie utilisée dans ce travail fut plus large pour permettre, en premier lieu, de développer une expertise sur l'usage des logiciels, en commençant avec une étape de validation des performances de ces logiciels, pour finalement procéder à la modélisation des effets aéroélastiques complexes de par leur biais.

Les calculs menant vers la modélisation et la simulation des comportements aéroélastiques des pales d'éolienne doivent suivre des itérations dans le temps dans lesquelles une résolution des aspects aérodynamiques de l'écoulement et la réponse dynamique et structurale de la pale doivent être résolues simultanément et l'interaction établie. Ce processus est fort complexe et requière une connaissance approfondie de l'utilisation des outils aérodynamiques, structuraux et le couplage de ces modules dans une optique de modélisation aéroélastiques. Pour ce faire, dans un premier temps, ces modules furent validés en exécutant des études de cas pour lesquels les résultats furent comparés avec ceux obtenus par d'autres logiciels. Les logiciels analysés furent : *Xfoil, Javafoil, OpenFoam, Matlab* et *XFLR5* pour la partie aérodynamique et les logiciels *Comsol, Solidworks* et *Simulink* pour la partie structurale.

Une fois les outils pertinents aux analyses aéroélastiques des logiciels ANSYS et CFX maîtrisés, la prochaine étape fut de calibrer les paramètres du logiciel. Des analyses de décrochage aérodynamique furent réalisées sur un profil S 809 et les paramètres du logiciel calibrés en comparant les résultats avec des données expérimentales. Les paramètres calibrés furent : le type de maillage, la taille du maillage, le domaine de résolutions, les équations de transport utilisées, les modèles de turbulence, les modèles de transition, le pas de temps, l'algorithme de résolution et l'influence des paramètres de modélisation comme la fréquence réduite, le nombre de Courant, etc.

Dans le but de modéliser les effets aéroélastiques comme la divergence et le flottement, la revue de littérature réalisée nous a permis d'identifier des données expérimentales avec lesquelles les résultats numériques ont été comparés. Afin de valider notre modèle de simulation des effets aéroélastiques, un modèle numérique du profil se rapprochant au mieux de celui utilisé dans les expérimentations fut construit. Certains ajustements aux profils ont été nécessaires afin d'éviter des zones de singularité lors de la résolution.

Les calculs aéroélastiques sont très exigeants en termes de ressources informatiques. De ce fait, il fut important d'analyser et d'extraire des données après chaque simulation, car il est impossible de sauvegarder un très grand nombre de simulations. En fonction des résultats obtenus, les paramètres numériques comme la taille du domaine et du maillage, le temps de calcul, les modèles de turbulence et transition furent ajustés pour minimiser les erreurs.

Une fois des performances satisfaisantes de notre modèle CFD atteintes, les paramètres et certains résultats ont été utilisés pour bâtir un modèle simplifié (« lumped ») sur la plateforme Simulink de Matlab. Nous avons vérifié que ce modèle, moins exigeant en ressources informatiques, puisse être utilisé pour faire du contrôle en temps réel de certains paramètres structuraux avec un niveau de précision comparable au modèle CFD.

1.5 L'ÉTAT DE L'ART DE L'AÉROÉLASTICITÉ (REVUE DE LITTÉRATURE)

Les effets aéroélastiques influencent de façon significative la production annuelle d'énergie et comportent des risques majeurs de bris pour les turbines éoliennes. Cependant, très peu de travaux faisant objet de modélisation et simulation des effets aéroélastiques à partir de l'apparition du phénomène aéroélastique jusqu'au bris existent dans la littérature. Ceci s'explique par le besoin pratique au niveau de l'aéroélasticité des pales des turbines éoliennes qui est de pouvoir prédire le début de l'apparition des effets aéroélastiques et de freiner ou d'arrêter les turbines. Bien que l'arrêt des éoliennes représente une solution rapide, relativement sure et simple, les pertes de production peuvent être importantes et les arrêts possiblement répétés et les sollicitations lors du freinage peuvent endommager la structure.

La revue de littérature portera sur trois phénomènes aéroélastiques, le décrochage aérodynamique, la divergence et le flottement.

1.5.1 Le décrochage aérodynamique

Les figures 1 et 2 illustrent un profil sujet à une vitesse relative, V, un angle d'attaque α et une force de portance, L. La force de portance se calcule comme suite :

$$L = c_L \frac{1}{2} \rho V^2 \qquad \qquad 1)$$

où

c_L est le coefficient de portance

ρ est la densité de l'air

c est la longueur de la chorde.

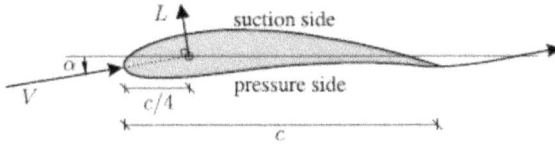

Figure 1: Profil aérodynamique sujet à une vitesse V en illustrant l'intrados et l'extrados

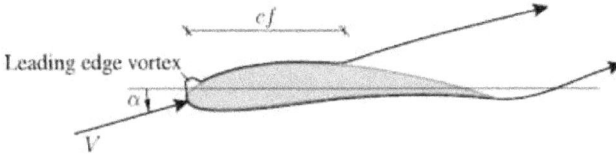

Figure 2: Profil aérodynamique sujet à une vitesse V en illustrant le bord d'attaque

En premier lieu, nous présentons le phénomène du décrochage statique comme expliqué dans [3]. Lors des conditions d'écoulements stationnaires sans séparation, la portance, L, agit approximativement au quart de la chorde à partir du bord d'attaque, dans un point appelé le centre aérodynamique ou centre de pression. Pour des petites valeurs de l'angle d'incidence α, L varie comme une fonction linéaire de α. En augmentant l'angle d'incidence, le décrochage statique se produit à une valeur critique, α_c, à laquelle, l'écoulement change et la portance, après avoir atteint un maximum commence à décroître. Le décrochage consiste dans une séparation prématurée de la couche limite du côté de l'extrados (« suction side ») du profil comme illustré dans la figure 3. Lorsque les conditions de l'écoulement sont non stationnaires au moment du décrochage, un délai existe avant que l'écoulement devienne stable. Les solutions analytiques qui existent [9] pour un écoulement sans séparation indiquent des valeurs différentes de la portance si l'angle d'attaque (AoA) du profil augmente ou diminue. Ainsi, pour des angles d'attaque en dessous du décrochage, on remarque une portance plus petite lorsque l'angle d'attaque (AoA) est croissant et une valeur plus grande pour un AoA décroissant lorsque comparé avec une condition quasi statique (figure 3). À des valeurs plus élevées de l'angle d'attaque, lorsque la séparation de la couche limite se produit, on remarque une différence plus prononcée entre les deux valeurs de la portance (AoA croissant vs AoA décroissant) causée par des mouvements harmoniques de l'écoulement caractéristiques du phénomène de décrochage dynamique (figure 4).

À la figure 3 ci-dessous, tiré de [10], nous constatons que, pour des variations harmoniques de l'angle d'attaque entre 0^0 et 15^0, le début du décrochage est retardé, et la portance durant la phase de l'angle d'attaque décroissante est considérablement plus petite que celle durant la phase ascendante.

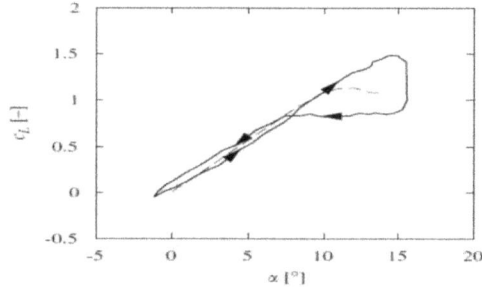

Figure 3: Coefficient de portance dans des conditions de décrochage statique (ligne en pointillé) et dynamique (ligne pleine)

Nous pouvons, donc, caractériser le décrochage dynamique comme un phénomène résultant des mouvements harmoniques d'un profil dans un écoulement, sujet à la séparation de la couche limite et incluant la formation de tourbillons au niveau du bord d'attaque et leur transport vers le bord de fuite. Les figures 4-7 tirées de [10] illustrent ces différents phénomènes.

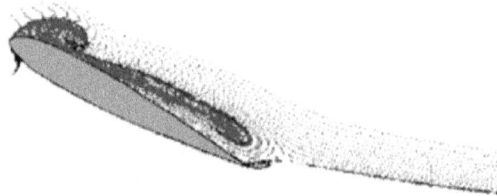

Figure 4: Mécanismes du décrochage aérodynamique- La séparation au niveau du bord d'attaque commence

Figure 5: Mécanisme de décrochage - création des tourbillons au niveau du bord d'attaque

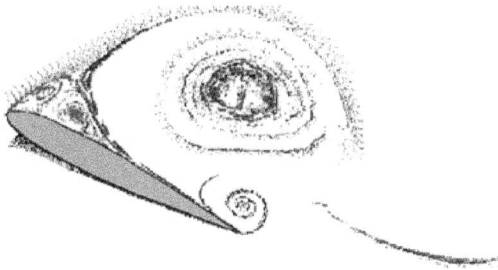

Figure 6: Mécanisme de décrochage- Séparation des tourbillons au niveau du bord d'attaque et création des tourbillons au niveau du bord de fuite

Figure 7: Mécanismes du décrochage - Séparation des tourbillons au niveau du bord de fuite

1.5.2 Le décrochage aérodynamique (revue de littérature)

Il est intéressant de noter qu'un grand nombre de travaux publiés sur le phénomène du décrochage aérodynamique porte sur les pales d'hélicoptère [11], [12] et [13]. Cependant, parmi les quelques publications dans le domaine des turbines éoliennes, plusieurs proviennent des travaux de Leishman et Beddoes [14] et [15]. Ils ont développé un modèle pour la simulation du décrochage dynamique en combinant

17

les effets de délai pour un écoulement sans séparation et une représentation approximative du développement et des effets de la séparation. Cette méthode fut développée en s'inspirant de la dynamique des rotors d'hélicoptères et inclut une représentation élaborée de l'écoulement instationnaire non séparé en fonction du nombre de Mach et d'un ensemble d'équations complexes représentant les délais. En 1991, Oye [16] néglige les effets transitoires de l'écoulement attaché et représente le décrochage dynamique en introduisant un filtre d'ordre un, obtenu par une interpolation simple. Hansen et al. [17], quant à eux, ont développé une version simplifiée du modèle de Leishman – Beddoes dans les Laboratoires de Riso (« Risø National Laboratories ») en négligeant les effets de compressibilité et les séparations au bord d'attaque. Dans ce modèle, une relation d'interpolation similaire à celle utilisée par Øye fut utilisée pour rendre le modèle valide sur tout le domaine des angles d'attaque. En 1981, Tran et Petot [18] ont mis en place le modèle ONERA dans lequel les coefficients des sollicitations sont décrits par des équations différentielles d'ordre 3. L'équation différentielle est séparée dans un domaine linéaire à des faibles angles d'attaque, déterminés par une équation différentielle d'ordre un, et un domaine de décrochage caractérisé par une équation différentielle d'ordre 2. En 1972, Tarzanin [19] développa un modèle connu comme le modèle Boeing – Vertol. Ce modèle est basé sur une relation entre l'angle de décrochage dynamique et l'angle de décrochage statique calculé par la méthode de Gross et Harris [20]. À partir de cette relation, un angle d'attaque dynamique est déterminé et les coefficients aérodynamiques sont interpolés à partir des données statiques. Plus récemment, des ordinateurs utilisant les équations de Navier Stokes ont été utilisés pour calculer les forces aérodynamiques sur un profil en situation de décrochage dynamique. À cause de leurs exigences importantes en termes de capacité de calcul, les applications pratiques faisant usage des équations de Navier Stokes non simplifiées ne seront cependant pas applicables dans un futur proche. Par contre, la résolution des équations de Navier Stokes nous donne une idée des changements dans l'écoulement et la variation de la pression pendant un cycle de décrochage aérodynamique. En 1995, Srinivasan et al. [21] utilisèrent un solveur basé sur les équations de Navier Stokes pour évaluer un grand nombre de modèles de turbulence. Du et Seling [22] ont étudié les effets 3D dans l'écoulement de la couche limite d'une pale éolienne en rotation en résolvant les équations de la couche limite stationnaire. Ils concluent que la séparation fut quelque peu retardée à cause de la rotation de la pale, ce qui induit une augmentation dans la portance. Ils suggérèrent une modification des données statiques en 2D afin d'incorporer les effets 3D. En 2003, Akbari et Price [23] ont étudié l'influence de plusieurs paramètres, dont la fréquence réduite, l'angle d'attaque moyen, la position de l'axe de rotation et le nombre de Reynolds. Ils concluent que le nombre de Reynolds et la position de l'axe de rotation ont peu d'influence sur les caractéristiques du cycle du coefficient de portance. En 1996, Wernet et al. [24] ont utilisé la méthode PIV (« Particle Image Velocimetry ») et la visualisation par laser, LSV (« Laser Sheet Visualisation ») pour valider un code numérique basé sur les équations de Navier – Stokes. Ils ont mis en évidence la concordance des résultats numériques et des données expérimentales, mais observèrent aussi certaines différences. Suresh et al. [25] ont utilisé une approche complètement différente en 2003. Ils ont utilisé un réseau de neurones pour identifier la portance instationnaire et non linéaire. Plus récemment, en 2009, S.A Ahmadi, S. Sharif and R. Jamshidi [26] ont modélisé l'écoulement autour d'un profil NACA 0012 oscillant à différents nombres de Reynolds et à différentes amplitudes. L'objectif principal de cette étude fut de définir le meilleur modèle de transition pour ces types d'applications et présenter la distribution des coefficients de pression. Wolken-Möhlmann et al. [27] ont présenté une analyse de la distribution de pression pour le régime du décrochage en utilisant des méthodes expérimentales tandis que Yous et Dizene [28] offrent des résultats comparables en utilisant le logiciel ANSYS- CFX. Ghosh et Baeder [29] proposent un cas similaire avec des équations analytiques. Imamura [30] fait une synthèse des types d'analyse de la performance des rotors: la méthode de la quantité de mouvement de la pale (« Blade Element Momentum Method »), la méthode du sillage des tourbillons (« Vortex Wake Method ») et la CFD (« Computational Fluid Dynamics »). De plus, il souligne que les codes CFD sont en développement perpétuel et il serait intéressant de les utiliser plus systématiquement.

À la lumière de cette vaste revue de littérature, nous nous sommes rendu compte que très peu de modélisations du décrochage aérodynamique par la CFD existent. De plus, dans la plupart des cas, les travaux parlent d'un délai de la séparation. Nous avons utilisé le logiciel ANSYS-CFX, basé sur la résolution des équations de Navier-Stokes moyennées (RANS – Reynolds Averaged Navier-Stokes) afin de déterminer sa capacité de modéliser le décrochage dynamique et d'évaluer les performances des modèles de turbulence et de transition en comparant avec des résultats expérimentaux disponibles. Les mêmes paramètres et modèles seront utilisés par la suite pour l'analyse d'autres phénomènes aéroélastiques comme la divergence et le flottement.

1.5.3 La divergence et le flottement

Lorsqu'une structure flexible est soumise à un écoulement stationnaire, un équilibre est établi entre les forces aérodynamiques et les forces élastiques. Cependant, au-dessus d'une certaine vitesse, cet équilibre devient instable et ceci peut causer des grandes déformations culminant avec un bris brutal de la structure [31]. Nous illustrons ce phénomène sur un profil en deux dimensions fixé par un ressort de rotation comme illustré dans la Figure 8. La constante élastique du ressort correspond à la rigidité de la pale soumise à une torsion. Nous remplaçons ainsi le comportement élastique tridimensionnel de la pale encastrée par un ressort de rigidité équivalente. Les forces aérodynamiques correspondent à l'angle d'attaque α qui est déterminé à son tour par la torsion structurale du ressort (équivalente à celle de la vraie pale).

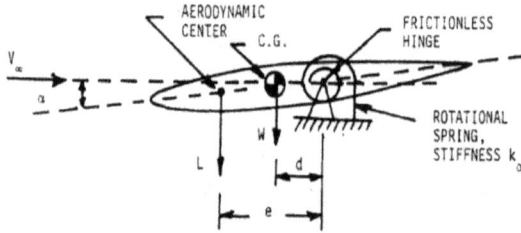

Figure 8: Modèle de l'aile pour la Divergence

Nous considérons un angle d'attaque α, suffisamment petit, de sorte que l'on peut poser cosα=1 et sinα=α. Nous écrivons la somme des moments par rapport au centre du ressort de torsion et imposons la condition d'équilibre:

$$\sum M = 0 \qquad (2)$$

$$Le \; + \; Wd - K_\alpha \alpha = 0 \qquad (3)$$

Où

$$L = qSC_l = qSM_0\alpha$$

et

S = l'aire du profil

C_l = le coefficient de portance

M_0 = Le coefficient de moment

Ceci nous mène à l'angle d'attaque sous la formulation suivante:

$$\alpha = \frac{wd}{K_\alpha - qSM_0e} \qquad (4)$$

Nous définissons un angle d'attaque, α_z pour une vitesse de l'écoulement nulle :

$$\alpha_z = \frac{Wd}{K_\alpha} \tag{5}$$

La pression dynamique critique (de divergence), q_D, qui correspond à un dénominateur nul (singularité) dans la valeur de α (Eq. 5) s'exprime comme suit:

$$q_D = \frac{K_\alpha}{eSM_0} \tag{6}$$

d'où:

$$\alpha = \frac{\alpha_z}{\left[1 - \left(\frac{q}{q_D}\right)\right]} \tag{7}$$

Lorsque la vitesse relative de l'écoulement augmente, la valeur de la pression dynamique q s'approche de la valeur critique q_D, ce qui a comme conséquence que l'angle d'attaque « tend vers l'infini », causant la rupture de la structure. Ce phénomène est connu comme étant le phénomène de divergence.

Si la divergence est un phénomène aéroélastique statique, caractérisé par un écoulement stationnaire, le flottement aérodynamique est un phénomène aéroélastique dynamique, son apparition se fait lorsque l'écoulement est non-stationnaire. Ceci se caractérise par une réponse dynamique de la pale aux changements d'un flux de fluide tel que dans les cas de rafales et autres perturbations atmosphériques externes. La réponse de la pale (vibrations, déformations) est le résultat de l'ensemble de forces aérodynamiques non-stationnaires, forces d'inertie et de gravité, forces élastiques et d'amortissement. En d'autres mots, nous avons à faire face à un couplage fluide-structure et l'analyse de ce type de phénomène est un défi important lors de la conception des turbines éoliennes. Le flottement se manifeste par une augmentation très rapide (exponentielle) de l'amplitude des vibrations lorsque l'amortissement structurel est insuffisant pour dissiper l'énergie de déformation induite par les forces aérodynamiques non-stationnaires. Le flottement peut se produire dans n'importe quel objet souple (aile d'avion, câble électrique suspendu, ponts, antennes, etc.) placé dans un flux de fluide fort et dans les conditions qui possèdent une rétroaction positive. C'est-à-dire, que le mouvement vibratoire de l'objet conduit à une « amplification » des forces aérodynamiques et donc de l'amplitude de vibration. Lorsque l'énergie introduite dans la structure pendant la période d'excitation aérodynamique est plus grande que l'amortissement structurel du système, l'amplitude de la vibration augmentera. Le flottement des pales d'éoliennes, quant à lui, se défini par la superposition de deux modes structuraux – le mouvement de torsion qui affecte la variation de l'angle d'attaque (« pitch ») et le mouvement de flexion résultant dans le mouvement vertical de la section de la pale (« plunge »). Le « pitch » est décrit comme un mouvement de rotation par rapport au centre élastique du profil. Lorsque la vitesse du vent augmente, les fréquences de ces modes vibratoires coalescent pour créer le phénomène du flottement. Ceci est connu comme la résonance de flottement. Le flottement peut commencer par une rotation du profil, t= 0s dans la Figure 9 ci-dessous. L'augmentation de la portance conduit à un déplacement vertical de flexion vers le haut. Simultanément, la rigidité en torsion de la structure ramène le profil à sa position de « pitch » nul (t=T/4 dans la figure 9). La rigidité en flexion de la structure tente de ramener le profil dans sa position neutre, mais le profile prend désormais un angle d'attaque négatif (t = T/2 dans la figure 9). Encore une fois, l'augmentation de la force aérodynamique impose un mouvement vertical vers le bas sur le profil et la rigidité en torsion ramène le profile à un angle d'attaque nul. Le cycle se termine lorsque le profil revient à une position neutre avec un angle d'attaque positif. Avec le temps, le mouvement vertical tend à s'amortir tandis que le mouvement rotatif diverge. Si le mouvement se répète, les forces dues à la rotation mèneront au bris de la pale.

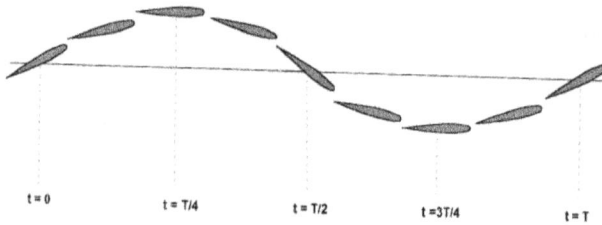

t = 0   t = T/4   t = T/2   t =3T/4   t = T

Figure 9: Mouvement du flottement d'une pale d'éolienne

Afin de saisir ce phénomène fort complexe, nous décrivons le flottement comme suite :

Des forces aérodynamiques excitent le système masse-ressort de la figure 10. Le ressort « plunge spring » représente la rigidité en flexion de la structure tandis que la que le ressort de rotation « rotation spring » représente la rigidité en torsion. Le modèle représente deux modes – « pitch » et « plunge » comme illustré dans la figure 10.

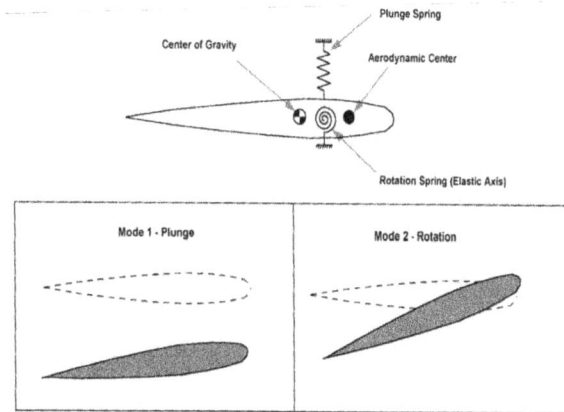

Figure 10: Figure illustrant le flottement; la flexion (« plunge ») et la rotation (« pitch »)

1.5.4 La divergence et le flottement (revue de littérature)

Très peu d'articles ont modélisé modélisé le phénomène de la divergence et du flottement aérodynamique en partant des conditions sous-critiques jusqu'à la défaillance. La raison qui explique le nombre limité d'études portant sur la modélisation de la divergence est liée à la difficulté de simuler à l'aide des logiciels les gradients très élevés dans la proximité de la divergence. Une autre difficulté est reliée à l'importance d'analyser uniquement la stabilité et la vitesse sous-critique et de régler le système d'une telle manière, en temps réel, pour maintenir les conditions pratiquement inchangées.

Diederich, Franklin et Bernhard Budiansky [32] ont démontré, entre autres, la diminution drastique de la vitesse de divergence pour une aile en flèche inversée. Krone, Norris J. Jr [33] illustrent clairement que les effets négatifs de la divergence aérodynamique sur des pales en flèches inversées peuvent être contrôlés et mitigés. Blair, Maxwell [34] ont effectué des essais en soufflerie pour montrer les relations fondamentales entre le balayage, la torsion, l'orientation des fibres de la pale et la vitesse de divergence. Ricketts et Doggett [35] utilisent des modèles de plaques planes avec des géométries variées pour formuler des techniques de vérification de réponse sous critique et évaluer leur précision dans des conditions de divergence statique. Walter et Maxwell [36] ont conduit des expériences pour corréler des données de vols avec les prédictions de la stabilité structurale et des marges de stabilité aéro-servo-élastique. Cole et al. [37] ont utilisé des données expérimentales en régime supersonique obtenues au « Unitary Plan Wind Tunnel » au « Langley Research Centre » de la NASA pour examiner les conséquences du phénomène de divergence

23

sur toutes les parties mobiles. Rodden et Stahl [38] ont fait usage de la méthode p [39] pour effectuer une analyse de stabilité aéroélastique et ont mis en place un modèle analytique pour calculer le vrai amortissement pour des modes non critiques. Yu et Hwu [40] ont utilisé la méthode de la bande reliée à une relation de la valeur propre standard pour résoudre la pression dynamique de divergence en négligeant les effets inertiels. Cette étude fournit également une relation de vecteurs propres pour résoudre les fréquences naturelles quand on élimine toutes les forces externes. Ce travail fournit un tableau de résultats des fréquences modales et compare les résultats obtenus par le modèle des auteurs avec un modèle basé sur le logiciel ANSYS. Le modèle proposé nécessite en moyenne 17% moins de temps de calcul que celui d'ANSYS. Au niveau de la précision, si les valeurs pour les premières fréquences modales fournies par le modèle et ANSYS se corrèlent de manière satisfaisante, pour les modes d'ordre supérieur, l'erreur peut atteindre 118 %. Streiner, S., Krämer, E., Eulitz, A.et Armbruster, P. [41] offrent une vue d'ensemble de l'ensemble des programmes ARLIS qui est un acronyme pour l'Analyse Aéroélastique des Systèmes Linéaires Rotationnels. Le but primaire du programme était l'analyse dynamique et aéroélastique linéaire des turbines éoliennes à axe horizontal. En appliquant la Théorie de Floquet, les auteurs étudient des turbines éoliennes à une, deux et plus de pales. L'étude est limitée cependant à une vitesse de rotation constante de l'éolienne. Ce travail fournit des résultats pour des fréquences modales sous-critiques, soulignant la difficulté d'obtenir des résultats expérimentaux consistants et relevant que l'utilisation des profils bidimensionnels génère des anomalies significatives entre les charges mesurées et prévues.

Une des analyses les plus complètes disponibles dans la littérature sur le problème de la divergence est présentée par Jennifer Heeg [39]. Les résultats de ce travail ont aidé à identifier les configurations d'un modèle simple qui présente différents types de modes de comportement dynamique quand le système rencontre la divergence. Une partie très importante de l'article traite les modèles mathématiques à la base de l'analyse de valeurs propres de divergence, notamment des méthodes **p**, **k** et **p-k**. L'article présente une discussion très large sur l'utilisation des valeurs propres et de l'emplacement des modes normaux pour déduire la stabilité aéroélastique du système, introduisant l'idée de l'orthogonalité des vecteurs propres et le problème du crénelage quand il s'agit de la transformation du domaine discret au domaine continu. Il est intéressant de noter que pour l'analyse de stabilité, une seule discrétisation aérodynamique spatiale a été employée et la discrétisation temporelle a été ajustée pour réaliser les vitesses appropriées. Le travail présente aussi les expérimentations menées dans le tunnel aérodynamique de Duke University ayant comme but de valider les calculs analytiques des caractéristiques des modes non critiques et d'examiner explicitement le phénomène de divergence aérodynamique. Le travail présente des diagrammes intéressants de la variation de l'angle d'attaque de l'aile par rapport au temps. Cependant, l'article n'indique pas avec précision le moment de début de la divergence, mais, plutôt, l'angle d'attaque auquel la séparation d'écoulement et le décrochage se sont produits. En outre, on mentionne que nous pouvons déduire la proximité de la divergence quand la pente du moment aérodynamique par rapport à la pression dynamique change drastiquement. Cependant, il est difficile d'indiquer avec précision la pression dynamique de divergence mais plutôt un intervalle de cette valeur sur lequel le phénomène pourrait se produire. Ce travail présente plusieurs résultats bien documentés, sous forme graphique, composés de valeurs qui décrivent le mouvement du système dans le domaine sous-critique en tendant vers la divergence et dans des diverses situations d'instabilité. De plus, les analyses et les expériences de tunnel aérodynamique ont démontré l'instabilité de divergence dans un sens statique en même temps qu'un mode dynamique était encore présent dans le système. Ces résultats illustrent la supposition de base que la divergence se produit quand un mode dynamique structural devient statique.

CHAPITRE 2

SIMULATION NUMÉRIQUE DU DÉCROCHAGE DYNAMIQUE D'UN PROFIL DE PALE D'ÉOLIENNE

2.1 RÉSUMÉ DU PREMIER ARTICLE

Les développements récents dans le domaine de l'éolien amènent des défis quant à la compréhension des mécanismes autour des écoulements transitoires et de l'interaction de ces derniers avec la structure des pales. Une tendance des pales vers le gigantisme et une plus grande flexibilité structurale augmentent les risques d'apparition de phénomènes aéroélastiques. Il est donc primordial de bien comprendre et maîtriser ces phénomènes et d'être capable de les simuler dans une optique de pouvoir les contrôler. Les coûts pour trouver des données expérimentales pour ces comportements sont très élevés, car les essais devraient être destructifs et à grande échelle et simultanément contrôlés. Les méthodes numériques appliquées à la mécanique des fluides (« Computational Fluid Dynamics » CFD) représentent des alternatives précises pour identifier et modéliser les effets aérodynamiques et aéroélastiques sur des pales des turbines éoliennes. La simulation des effets aéroélastiques requière un couplage fluide-structure, en d'autres mots, résoudre les équations aérodynamiques qui définissent l'écoulement de sorte à avoir les champs de pression, les forces aérodynamiques et les contraintes de cisaillement sur la structure pour, ensuite, les utiliser dans le but de prédire les comportements dynamiques de la pale. Ces étapes doivent se faire de manière itérative, car le mouvement de la pale influence aussi bien les caractéristiques de l'écoulement autour de la structure que les paramètres intrinsèques de la structure, dont la rigidité. Suite à une analyse de plusieurs logiciels, nous avons choisi, selon une matrice de sélection, les logiciels ANSYS et CFX pour effectuer les analyses aéroélastiques. La partie CFX résout les équations de transport de l'écoulement tandis que la partie ANSYS structurale résout les équations dynamiques du profil. Le couplage des deux modules (couplage fluide-structure) pour simuler les effets aéroélastiques se fait par le biais de l'outil MFX du logiciel ANSYS.

Cet article porte sur la simulation d'un type spécifique de phénomène aéroélastique, le décrochage aérodynamique. Le but principal a été de calibrer les paramètres du logiciel. Effectivement, le logiciel permet l'utilisation de différentes méthodes de résolutions de plusieurs des modèles de turbulences et de transition. Chaque modèle présente des avantages et inconvénients et ils ont une influence

26

significative sur les résultats des modélisations. De plus, il est important de calibrer d'autres paramètres comme la taille du domaine d'étude, le type de maillage et la taille du maillage. Cette étude nous permet de calibrer ces nombreux paramètres à l'aide des données expérimentales provenant des travaux réalisés au « Low Speed Laboratory of the Delft University of Technology (DUT) in the Netherland » [42] et au « Aeronautical and Astronautical Research Laboratory of the Ohio State University (OSU) » [43]. Dans un premier temps, l'étude porte sur l'analyse de la convergence pour définir la taille minimale du domaine de calcul de sorte que l'influence des conditions aux frontières soit minimale. Plus le domaine est grand, moins l'influence des parois du domaine sera importante, mais les calculs exigeront des ressources informatiques plus grandes. Dans un deuxième temps, une étude fut réalisée pour définir la taille optimale du maillage. Encore une fois, un maillage plus fin assure des résultats plus précis, mais exige plus de mémoire et un plus long temps de calcul. Ensuite, l'étude s'attarde sur le choix du modèle de turbulence. En effet, CFX propose différents modèles de turbulence pour la résolution des écoulements autour des profils aérodynamiques, dont le « k-ω », le « k-ω BSL » et le « k-ω SST». Le choix de ces modèles de turbulence, comme nous l'avons vu au fils de nos recherches, a une influence significative sur les résultats. La partie de calibration se termine par le choix du modèle de transition laminaire-turbulent de la couche limite. Avant de présenter les résultats de nos simulations comparés aux données expérimentales, l'article propose une explication sur la structure du couplage ANSYS-CFX. Les résultats de la simulation du décrochage dynamique sont proposés pour les cas d'oscillations du profil à $8^0 \mp 5.5 \sin \omega t$, $14^0 \mp 5.5 \sin \omega t$, $20^0 \mp 5.5 \sin \omega t$, où ω correspond à une fréquence réduite de 0.026.

Ce premier article, intitulé «Numerical Simulation of the Dynamic Stall of a Wind Turbine Airfoil», fut élaboré par moi-même ainsi que par le professeur Adrian Ilinca et mes collègues, Thierry Tardif d'Hamonville et Ion Sorin Minea. Il fut accepté pour publication dans sa version finale en 2010 par le comité de «CFD Society». En tant que premier auteur, ma contribution à ce travail fut de compléter l'essentiel des recherches bibliographiques, l'analyse analytique de la problématique, la simulation du phénomène et la rédaction de l'article. Le professeur Adrian Ilinca a fourni un encadrement fort apprécié et des conseils pertinents. Thierry Tardiff d'Hamonville a contribué aux simulations numériques et offert des conseils sur la méthodologie à suivre. Ion Sorin Minea a contribué à l'optimisation du modèle et à la révision de l'article. J'ai présenté cet article lors de la conférence « 2010 CFD Society of Canada 18th Annual Conference» qui a eu lieu à London, Ontario, (Canada) du 17 au 19 mai 2010.

Numerical Simulation of the Dynamic Stall of a Wind Turbine Airfoil

Drishtysingh Ramdenee [1], Ion Sorin Minea [2]

Thierry Tardif D'Hamonville [3] and Adrian Ilinca [4]

[1,2,3,4] *Wind Research Laboratory (WERL),*
Université du Québec à Rimouski (UQAR), Rimouski, QC, Canada G5L 3A1

Email: *dreutch@hotmail.com*

Abstract

The recent development of large wind turbines poses new challenges with regard to understanding the mechanisms surrounding unsteady flow-structure interaction. The larger and more flexible blades imply risks from an aeroelastic point of view and urge the need to properly understand and model these phenomena. Due to limited experimental data available in this field, Computational Fluid dynamics (CFD) techniques provide an invaluable alternative to identify and model aerodynamic and aeroelastic phenomena around the wind blades. The study is part of the coupling between aerodynamic and elastic models of the commercial code - CFX with ANSYS, respectively. In this paper we are modeling the dynamic stall that describes the complex events that result in the delay of stall on airfoils undergoing unsteady motion. This study is realized on the S809 airfoil for which experimental data are available in literature, specifically for the study of periodic unsteady motion. The study will use the k-ω SST intermittency model. The k-ω SST model is based on a blending of the Wilcox k-ω model and the k-ε model and combines the advantages of the two models in accounting for the transport of the turbulent shear stress and so proposed good predictions especially for separated flows. A transition model is added to the k-ω SST model that allows the user to choose the intermittency factor in order to describe the transition. The domain discretization was carried using an unstructured mesh. The simulations are made on the S809 airfoil with a Reynolds number of one million and an angle of attack of 8° ±5.5°, 14° ±5.5 and 20° ±5.5° with a reduced frequency of k=0.026.

I.   INTRODUCTION

In an attempt to increase power production and reduce material consumption, wind turbines are becoming increasingly gigantic and, yet, paradoxically, thinner and more flexible. The wind turbines' blades are, thus, more and more prone to deflections and vibrations due to forces generated by the wind. These phenomena are known as aeroelastic phenomena and are subject to many investigations. [1, 2, 3]. The modeling of these phenomena is made by coupling aerodynamic and elastic models. This article

28

presents a study realized on the modeling of the stall phenomenon on wind turbines' blades. This study is realized on the k-ω SST turbulent model in CFX computational fluid dynamics software whilst making a comparison of the performance offered by the different transitional models proposed in this tool for our application.

II.   LITERATURE REVIEW AND JUSTIFICATION FOR PRESENT WORK

It is interesting to note that most articles focusing on this subject emphasize on helicopter blades [4, 5, 6]. Still, several works have been conducted on wind blades to study the stall phenomenon. J.W Larsen et al. [7] makes a summary of the different models actually used for stall modeling and classifies them in three main groups: 1) The effects of the different flow conditions are modeled, e.g. lift reduction due to separation, time delay effects from leading edge separation etc., 2) The characteristics of the lift curve are modeled without resort to the generating physical mechanisms, e.g. a linear growing curve at low angles of attack, a drop in lift at a given stall angle etc, and 3) A modification of the angle of attack is made introducing a so-called dynamic angle of attack. Leishman and Beddoes developed, in a series of papers, a model for stall modeling including flow delay and separation effects but based on helicopter rotor dynamics. Larsen et al. [7] mention that only their model, the Leishman and Beddoes model and the Risø model are capable of reproducing the experimental data both at fully attached flow conditions and stall regime. Furthermore, several other works have been presented but either focus exclusively on the pressure distribution or aim at verifying the reliability of the CFD models. S.A Ahmadi, S. Sharif and R. Jamshidi [8] model the flow behavior around a NACA 0012 airfoil oscillating with different Reynolds numbers and at various amplitudes. The aim, in this work, was mainly to define the best transitional model for such applications and presented the pressure coefficient distribution. Moreover, Wolken-Möhlmann, et al. [9] provide pressure distribution analysis for the stall regime using experimental methods while Yous and Dizene [10] provide similar results using ANSYS-CFX software. Ghosh and Baeder [11] provide a similar case with accompanying analytic equations. Imamura [12] makes a summary of the types of rotor performance analysis: Blade element momentum method, Vortex wake method and CFD (computational fluid dynamics). Furthermore, he pinpoints the fact that as CFD codes are being actively developed, it is advantageous to make proper use of them. Du and Selig [18, 19] studied 3-D effects on the boundary layer flow of a rotating wind turbine blade and found that the separation is slightly postponed due to rotation of the wing, which induces an increase in lift. Limited work has been done to validate these effects. For all these reasons, we wish, in an initial stage, to model the dynamic stall phenomenon on wind turbines to produce more comparative results with experimental lift and drag coefficients distribution and validate the capacities of the CFD software CFX to model rotational effects in a second stage.

III. STALL PHENOMENON

In fluid dynamics, a stall is a reduction in the lift coefficient generated by an airfoil as the angle of attack increases. Dynamic stall is a non linear unsteady aerodynamic effect that occurs when there is rapid change in the angle of attack that has as consequence vortex shedding to travel form the leading edge and backwards along the profile [13]. An aerofoil section undergoes dynamic stall when it is subjected to any form of unsteady angle of attack motion, which takes the effective angle of attack beyond its normal static angle. Dynamic stall of an aerofoil is characterized by the shedding of a strong vertical disturbance form its leading edge, which is called a dynamic stall vortex. The onset of flow separation is, also, delayed to an angle of attack of elevated values of lift. The aft movement of the centre of pressure during the vortex shedding causes a large nose down pitching moment (moment stall). When the angle of attack decreases, flow reattachment is found to be delayed to and angle of attack lower than the static stall angle. This leads to significant hysteresis in the air loads and reduced aerodynamic damping, particularly in torsion. This can cause torsional aeroelastic instabilities on the blades. Therefore, the consideration of dynamic stall is important to predict the unsteady blade loads and also to define the operational boundaries of a wind turbine.

IV. MODEL AND CONVERGENCE STUDIES

IV.1. MODEL AND EXPERIMENTAL RESULTS

An S809 profile, as proposed by the NREL, is modeled. The shape is shown below.

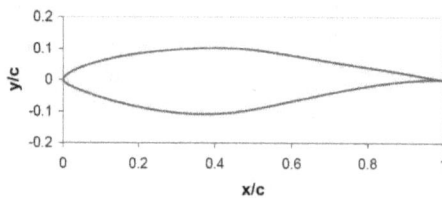

Figure 1: S809 profile

This airfoil was chosen because experimental results and results provided by other softwares are easily available such that comparison with our simulations would be possible. The experimental results that we will use for comparison are extracted from [14] and [15]. Experimental results in ref. [14] have been realized in the Low Speed Laboratory of the Delft University of Technology (DUT) in the Netherlands. A 0.6 m chord model at Reynolds numbers of 1 to 3 million provides the characteristics of the

S809 airfoil for angles of incidence from -20 0 to 20 0. The study [15] realized by Ramsay at the Aeronautical and Astronautical Research Laboratory of the Ohio State University (OSU) and gives us access to the characteristics of the profile for angles of incidence ranging from -20 0 to 40 0. The experiments were conducted on a 0.457 meters length chord for Reynolds numbers of 0.75 to 1.5 million. Moreover, this study provides experimental results for the study of the dynamic stall for angles of incidence of 80, 140 and 200 oscillating with amplitudes of ±5.50 at different frequencies for Reynolds number between 0.75 and 1.4 million.

IV.2. CONVERGENCE STUDIES

In this section, we will focus on the definition of a calculation domain and an adapted mesh for the flow modeling around the mentioned airfoil. This research is realized by the study of the influence of the distance between the boundaries and the profile, the influence of the size of the chord for the same Reynolds number and finally, the influence of the number of elements in the mesh and a computational time.

IV.2.1. CALCULATION DOMAIN

The calculation domain is defined by a semi-disc of radius I1*c around the profile and two rectangles in the wake of length I2*c. This was inspired from works conducted by Bhaskaran presented in the Fluent tutorial and [16]. As the objective of this study is to see the distance between the boundary limits and the profile influence the results, we will thus, only vary I1 and I2 and keep other values constant. As these two parameters will vary, the number of elements will also vary. In order to define the optimum calculation domain, we created different domains linked to a preliminary arbitrary one by a homothetic transformation with respect to the centre G and a factor b. Figure 2 gives us an idea of the different used parameters and the outline of the computational domain whereas table 1 presents a comparison of the different meshed domains.

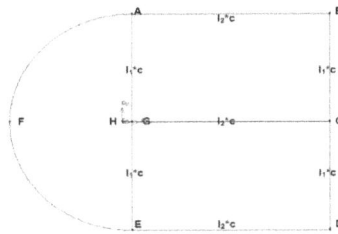

Figure 2: Shape of the calculation domain

Figures 3 and 4 below respectively illustrate the drag and lift coefficients as a function of the homothetic factor b for different angles of attack.

31

Trial	Trial 1	Trial 2	Trial 3	Trial 4	Trial 5	Trial 6
b	1	0.75	0.5	0.25	2	4
l_1	12.5	9	6.25	3.125	25	50
l_2	20	15	10	5	40	80
Number of elements	112680	106510	97842	84598	128142	143422

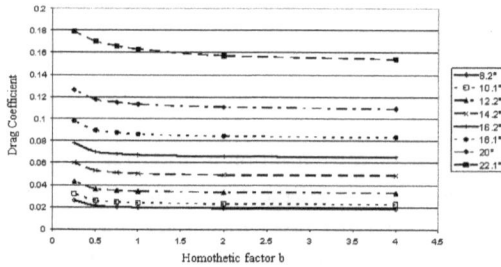

Figure 3: Drag coefficient vs. homothetic factor for different angles of attack

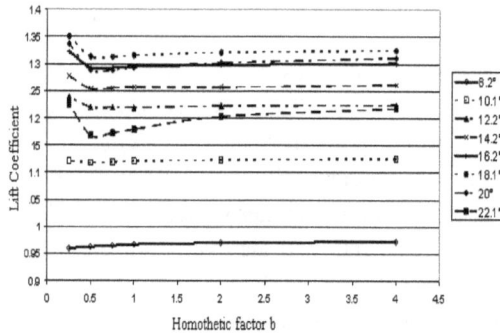

Figure 4: Lift Coefficient vs. homothetic factor for different angles of attack

We notice that the drag coefficient   diminishes as the homothetic factor increases but tends to stabilize. This stabilization is faster for low angles of attack (AoA) and seems to be delayed for larger homothetic factors and increasing AoA. The trend for the lift coefficients as a function of the homothetic factor is quite similar for the different angles of attack except for an angle of 8.20. The evolution of the coefficients towards stabilization illustrate an important physical phenomenon: the further are the boundary limits from the profile, this allows more space for the turbulence in the wake to damp before reaching the boundary conditions imposed on the boundaries. Finally, a domain having as radius of semi disc 5.7125 m, length of rectangle 9,597 m and width 4.799 m was used.

IV.2.2.   MESHING

Unstructured meshes were used and were realized using the CFX-Mesh. These meshes are defined by the different values defined in table 2. We have kept the previously mentioned domain.

TABLE 2: MESH DEFINING PARAMETERS

Description	Symbol	Value
Size of the elements along the profile (between I and G)	a_1	0.001m
Size of the first element in the boundary layer	a_3	0.00001m
Size of the elements on the boundary limits	a_7	0.2m
Number of layers in the boundary layer	n_3	17
Inflation factor in the boundary layer	f_1	1.19
Inflation factors near the boundary limits	f_2	1.19

Figures 5, 6 and 7 give us an appreciation of the mesh we make use of in our simulations:

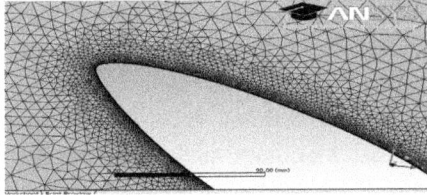

Figure 5: Unstructured mesh

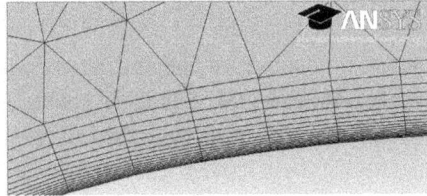

Figure 6: Unstructured mesh in the boundary layer in the leading edge

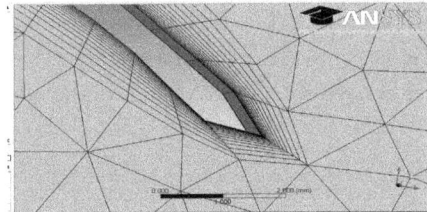

Figure 7: Unstructured mesh in the boundary layer in the trailing edge

Several trials were performed with different values of the different parameters describing the mesh in order at the best possible mesh. The different trials consisted in extracting the lift and drag coefficient distribution according to different AoA for a given Reynolds number and the results were compared with experimental results. The mesh option that provided results which fitted the most with the experimental results was used. The final parameters of the mesh as entered in CFX are: the preference is set to CFD. In the sizing options; the minimum size is 0.5, the maximum face size is 0.2m, the maximum tet size is 0.2m, the growth rate is 1.10, the minimum edge length is 1.3710 mm. In the inflation option; the transition is set to smooth, the transition ratio is set to 0.77, the maximum number of layers is set to 5 and the growth rate is 1.2. In the statistics option, the number of nodes is 66772 and the number of elements is 48016.

IV.2.3.   TURBULENCE MODEL CALIBRATION

CFX proposes several turbulence models for resolution of flow over airfoil applications. Documentations from [17] advise the use of three models for such kind of applications namely the k-ω model, the k-ω BSL model and the k-ω SST model. The Wilcox k-ω model is reputed to be more accurate than k-ε model in the near wall layers. It has been successfully used for flows with moderate adverse pressure gradients, but does not succeed well for separated flows. The k-ω BSL model (Baseline) combines the advantages of the Wilcox k-ω model and the k-ε model but does not correctly predict the separation flow for smooth surfaces. The k-ω SST model accounts for the transport of the turbulent shear stress and overcome the problems of k-ω BSL model. To evaluate the best turbulence model for our simulations, steady flow analyses at Reynolds number of 1 million were conducted on the S809 profile using the defined domain and mesh. The different obtained lift and drag results with the different models were compared with the experimental OSU and DUT results. T. d'Hamonville et al. [20] presents these comparisons which leads us to the following conclusions: the k-ω SST model is the only one to have a relatively good prediction of the large separated flows for large angles of attack. So the transport of the turbulent shear stress really improves the simulation results. The consideration of the transport of the turbulent shear stress is the main asset of the k-ω SST model. However, probably a laminar-turbulent transition added to the model will help it to better predict the lift coefficient between 6° and 10°, and to have a better prediction of the pressure coefficient along the airfoil for 20°.

IV.2.4. TRANSITIONAL TURBULENCE MODEL

ANSYS CFX proposes in the advanced turbulence control options several transitional models namely: the fully turbulent k-ω SST model, the k-ω SST intermittency model, the gamma theta model and the gamma model. As the gamma theta model uses two parameters to define the onset of turbulence, referring to [17], we have only accessed the relative performance of the first three transitional models. First of all the optimum value of the intermittency parameter was evaluated. A transient flow analysis was conducted on the S809 profile for the same Reynolds number at different AoA and using different three values of the intermittency parameter: 0.92, 0.94 and 0.96. Figures 8 and 9 illustrate the drag and lift coefficients obtained for these different models at different AoA as compared to DUT and OSU experimental data.

From figure 8, we note that for the drag coefficient, the obtained results are quite similar and only differ in transient mode exhibiting different oscillations. We note that for large intermittency values, the oscillations are greater. Figure 9 shows that for the lift coefficients, the obtained results from CFX differ as from 8.20. For the linear growth zone, the different results coincide with each other. The difference starts to appear as from the plateau. The k-ω SST intermittency model with γ=0.92, under predicts the lift coefficients as compared with the experimental results. The results with γ=0.94 predicts virtually identical results as compared to the OSU results. The model with γ= 0.96 predicts results that are sandwiched between the two experimental ones. Analysis of the two figures brings us to the conclusion that the model with γ=0.94 provides results very close to the DUT results. Therefore, we will compare the intermittency model with γ=0.94 with the other transitional models.

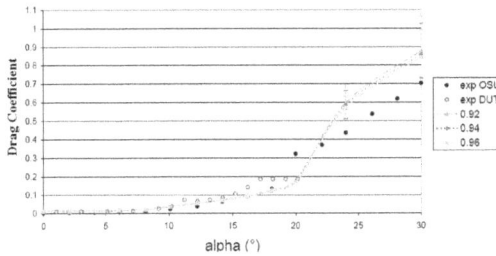

Figure 8: Drag coefficient for different AoA using different intermittency values

35

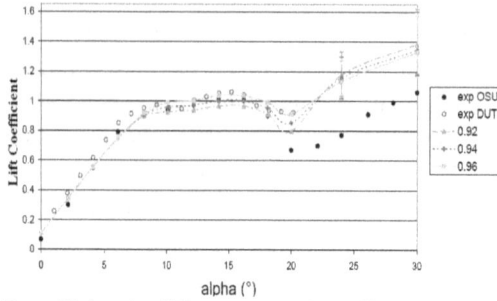
Figure 9: Lift coefficient for different AoA using different intermittency values

Figures 10 and 11 illustrate the drag and lift coefficients for different AoA using different transitional models.

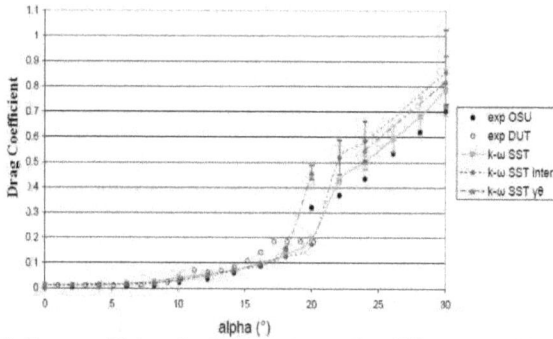
Figure 10: Drag coefficient for different AoA using different transitional models

Figure 10 shows that the drag coefficients for the three models are very close till 180 after which the results become clearly distinguishable. As from 200, the $\gamma\theta$ model over predicts the experimental values whereas such phenomena appear only after 22.10 for the two other models.

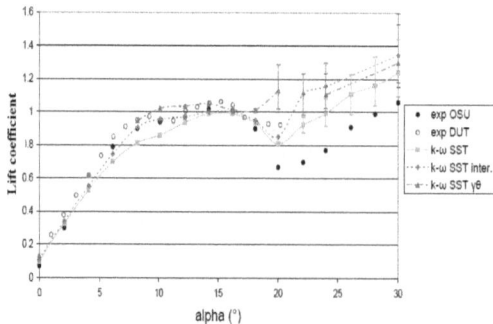
Figure 11: Lift coefficient for different AoA using different transitional models

36

For the lift coefficients, figure 11 shows that the k-ω SST intermittency models provide results closest to the experimental values for angles smaller than 140. The k-ω SST model under predicts the lift coefficients for angles ranging from 60 to 140. For angles exceeding 200, the intermittency model pains to provide good results. Hence, we conclude that the transitional model helps in obtaining better results for AoA smaller than 140. However, for AoA greater than 200, a purely turbulent model needs to be used. Indeed, for our stall modeling section the above conclusion is made use of.

V. STALL MODELING

V.1. ANSYS CFX STRUCTURE

In order to realize the fluid-structure coupling, we make use of the multi-domain solver of ANSYS: MFX. [17]. The ANSYS code acts as "Master" code, reads all the MFX commands, realizes the mapping and sends the coupling and time loop controlling values to the "Slave" code CFX. As illustrated in figure 12, for stall modeling, it is the oscillation of the profile which modifies the flow of the fluid. Hence the ANSYS code is first solved followed by the CFX one.

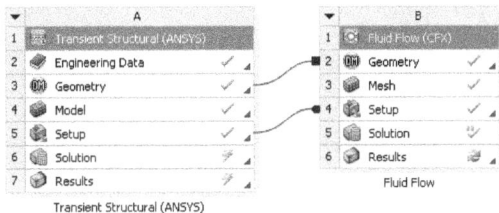

	A					B		
1	Transient Structural (ANSYS)				1	Fluid Flow (CFX)		
2	Engineering Data	✓			2	Geometry	✓	
3	Geometry	✓			3	Mesh	✓	
4	Model	✓			4	Setup	✓	
5	Setup	✓			5	Solution		
6	Solution				6	Results		
7	Results					Fluid Flow		

Transient Structural (ANSYS)

Figure 12: ANSYS workbench stall modeling flow-chart

V.2. RESULTS

To validate the quality of our ANSYS-CFX generated stall results, the latter are compared with OSU experimental results and with Leishman- Beddoes model generated results. Moreover, modeling of aeroelastic phenomena are very demanding in terms of computational time such that we have opted for an oscillation of 5.50 around 80, 140 and 200 for a reduced frequency of $k = \frac{\omega c}{2U_\infty} = 0.026$, where c is the length of the chord of the profile and U_∞ is the unperturbed velocity. From a structural point of view, the 0.457 m length profile will be subjected to an oscillation about an axis located at 25% of the chord.

V.2.1. $\alpha = 8^0 \pm 5.5\sin(\omega t)^0$

Figures 13 and 14 illustrate the evolution of the aerodynamic coefficients with respect to the AoA with 80 as the principal angle, amplitude of oscillation of 5.50 and a reduced frequency of 0.026. As the angle is less than 140, the k-ω SST intermittency model was used.

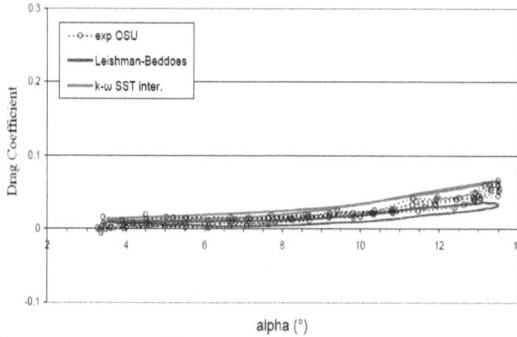

Figure 13: Drag coefficient vs. angle of attack for stall modeling

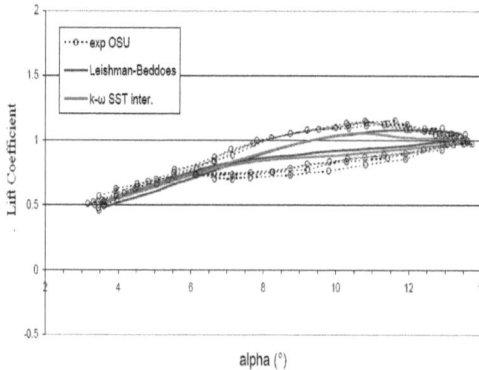

Figure 14: Lift coefficient vs. angle of attack for stall modeling

We note that for the drag coefficient, the results are very close to experimental results and that limited hysteresis appears to take place. As for the lift coefficient, we note that the «k-ω SST intermittency» transitional turbulent model underestimates the hysteresis phenomenon. Furthermore, this model provides results with inferior values as compared to experimental results for increasing angle of attack and superior values for decreasing angle of attack. We, also, notice that the onset of the stall phenomena is earlier for the «k-ω SST intermittency» model.

V.2.2. $\alpha = 14^0 \pm 5.5 \sin(\omega t)^0$

Figures 15 and 16 illustrate the evolution of the aerodynamic coefficients with respect to the AoA with 140 as the principal angle, amplitude of oscillation of 5.50 and a reduced frequency of 0.026. As the angle exceeds 140, the purely turbulent k-ω SST model was used.

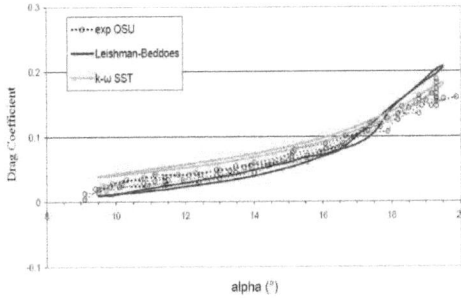

Figure 15: Drag coefficient vs. angle of attack for stall modeling

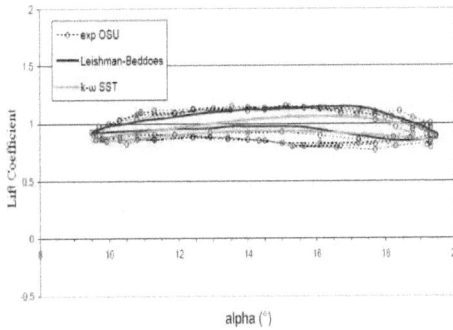

Figure 16: Drag coefficient vs. angle of attack for stall modeling

We note that before 17°, the model tends to overestimate the drag coefficient, be it for increasing or decreasing AoA. For angles exceeding 17°, our model tends to approach experimental results. As for the drag coefficient, the model provides better results for the lift coefficient when the angle of attack exceeds 17°. Furthermore, we note that the model underestimates the lift coefficient for both increasing and decreasing angles of attack. Moreover, the predicted lift coefficients are closer to experimental results for angles of attack less than 13°.

V.2.3. $\alpha = 20^0 \pm 5.5\sin(\omega t)^0$

Figures 17 and 18 illustrate the evolution of the aerodynamic coefficients with respect to the AoA with 200 as the principal angle, amplitude of oscillation of 5.50 and a reduced frequency of 0.026. As the angle exceeds 140, the purely turbulent k-ω SST model was used.

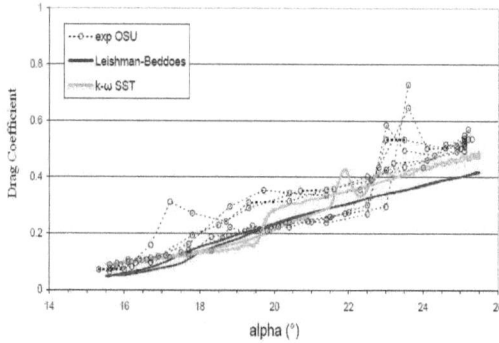

Figure 17: Drag coefficient vs. angle of attack for stall modeling

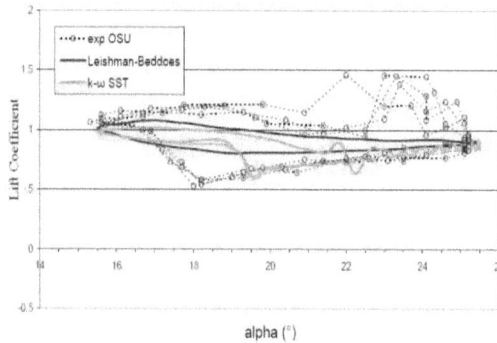

Figure 18: Lift coefficient vs. angle of attack for stall modeling

For the drag coefficients, the results provided by the k-ω SST model are quite close to the experimental results but predict premature stall for increasing AoA and reattachment for decreasing AoA. Furthermore, we note oscillations of the drag coefficient as for the experimental data showing higher levels of turbulence. As for the lift coefficient, the k-ω SST model tends to under predict the value of the coefficient for increasing AoA. Furthermore, due to vortex shedding, we note oscillations occurring in the results. Finally, the model prematurely predicts stall as compared to the experimental results.

VI. CONCLUSION

We have seen along this article, the different steps undertaken to model the stall phenomenon. We can see that interesting results are finally obtained for low AoA but as the turbulence intensity gets very large, the results diverge from experimental results or show oscillatory characteristics. We can note that, though, the CFD models show better results than the relatively simple indicial methods found in literature, refinements should be brought to the models. Moreover, this study allows us to appreciate the complexity of fluid structure interaction and the calibration work required upstream. It should be emphasized that the coupling were limited both by the structural and aerodynamic models and refinements and better understanding of all the parameters can help achieve better results. This study allows us to have a very good impression of the different turbulence models offered by CFX and their relative performances. The future of the project will be to model same but including the rotational aspect. Du and Selig [18, 19] studied 3-D effects on the boundary layer flow of a rotating wind turbine blade by solving the steady boundary layer equations [1]. They found that the separation is slightly postponed due to rotation of the wing, which induces an increase in lift. They suggested a modification of the 2-D static data to incorporate the rotational 3-D effects. This modification can be achieved using a rotating domain in ANSYS-CFX and the effect of the rotational movement on the stall phenomenon could be observed.

VII. REFERENCES

[1] A. Ahlström. Aeroelastic simulation of wind turbine dynamics. *Doctoral thesis -in Structural Mechanics*, KTH, Sweden, 2005.

[2] F. Rasmussen, M.H. Hansen, K. Thomsen, T.J. Larsen, F. Bertagnolio, et al. Present status of aeroelasticity of wind turbines. Wind Energy, 6: 213–28, 2003.

[3] C. Bak. Research in Aeroelasticity EFP-2006 Risø-R-1611(EN). July 2007.

[4] Ham, Norman D. A stall flutter of helicopter rotor blades: A special case of the dynamic stall phenomenon. *Massachusetts Inst of Tech, Cambridge*, May 1967.

[5] K. Hideki, Y.Hidenorihayama. Numerical Simulations of 3-Dimensional Dynamic Stall Phenomena of Blade Tip, *Proceedings of Aircraft Symposium, Z0902A*.

[6] P. Bowles, T.Corkey and E.Matlisz. Stall detection on a leading-edge plasma actuated pitching airfoil utilizing onboard measurement. *Center for Flow Physics and Control (FlowPAC), University of Notre Dame.*

[7] J.W. Larsena, S.R.K. Nielsena , S. Krenkb. Dynamic stall model for wind turbine airfoil, *Journal of Fluids and Structures* 23 (2007) 959–982.

[8] S. A. Ahmadi, S. Sharif, R. Jamshidi. A Numerical Investigation on the Dynamic Stall of a Wind Turbine Section Using Different Turbulent Models. *World Academy of Science, Engineering and Technology* 58 2009.

[9] G.W Möhlmann , S.Barth , J. Peinke. Dynamic stall measurements on airfoils, *University of Oldenburg, Germany.*

[10] Yous and R. Dizene. Numerical investigations on rotor dynamic stall of horizontal axis wind turbine. *Revue des Energies Renouvelables CICME'08 Sousse (2008) 119 – 126*

[11] D. Ghosh and Dr.J.Baeder. Numerical Simulation of Dynamic Stall. *Alfred Gersow Rotorcraft Center, Dept of Aerospace Engineering.*

[12] H.Imamura. Aerodynamics of Wind Turbines. *Department of Mechanical Engineering and Material Science, Yokohama National University,*240-8501.

[13] Bisplinghoff R.L.Aeroelasticity. Dover Publications: New York, 1955.

[14] Somers, D.M. "Design and Experimental Results for the S809 Airfoil". *NREL*/SR-440-6918, 1997.

[15] Reuss Ramsay R., Hoffman M. J., Gregorek G. M. "Effects of Grit Roughness and Pitch Oscillations on the S809 Airfoil." *Master thesis, NREL Ohio State University, Ohio,* NREL/TP-442-7817, December 1995.

[16] Nathan Logsdon. A procedure for numerically analyzing airfoils and wing sections thesis, University of Missouri, Columbia, December 2006.

[17] ANSYS CFX, Release 11.0.

[18] Du, Z., Selig, A 3-D stall-delay model for horizontal axis wind turbine performance prediction. In: AIAA-98-0021, pp. 9–19.

[19] Du, Z., Selig, M.S., 2000. The effect of rotation on the boundary layer of a wind turbine blade. *Renewable Energy 20*, 167–181.

[20] T. Tardif d'Hamonville, A. Ilinca. Comparison of turbulent models with the S809 airfoil. *17th Annual Conference of the CFD Society of Canada*, May 3-5, 2009.

CHAPITRE 3

MODELISATION DU FLOTTEMENT AÉRODYNAMIQUE SUR UN PROFIL DE PALE D'ÉOLIENNE NACA 4412

3.1 RÉSUMÉ DU DEUXIÈME ARTICLE

La tendance des turbines éoliennes vers le gigantisme et une augmentation de la flexibilité structurale ont rajouté aux préoccupations par rapport à la capacité des pales à pouvoir soutenir les sollicitations statiques et dynamiques rencontrées en exploitation. Lorsqu'on considère uniquement les sollicitations statiques, les calculs sont comparativement simples et les normes de l'industrie sont bien établies. Cependant, lorsqu'il s'agit de la modélisation des effets dynamiques, les calculs sont bien plus complexes, car nous devons tenir compte du mouvement rotationnel (torsion), de la flexion induits par la turbulence et autres interactions fluide-structure. Au Laboratoire de Recherche en Énergie Éolienne, de nombreuses études portant sur l'utilisation des méthodes numériques appliquées à la mécanique des fluides (« Computational Fluid Dynamics, CFD ») ont été réalisées pour simuler différents phénomènes aéroélastiques. Bien que la CFD permette d'obtenir des résultats précis, les ressources informatiques et le temps de calcul ne lui permettent pas une utilisation dans un algorithme de contrôle en temps réel.

Le flottement aérodynamique peut apparaître lorsque la vitesse de l'écoulement dépasse une certaine limite menant à l'ajout d'énergie dans l'objet ne pouvant pas être dissipée par l'amortissement structurel (rétroaction positive de l'objet). En d'autres mots, le mouvement vibratoire de l'objet (dans notre cas la pale), augmente la sollicitation aérodynamique due à l'écoulement, qui, à son tour, amplifie la vibration structurale.

Dans un premier temps, l'article s'attarde sur l'explication de ce phénomène en le décrivant selon une superposition de deux modes de vibration structurale – la torsion (« pitch ») et la flexion (« plunge »). Le « pitch » se caractérise par un mouvement rotatif autour du centre élastique du profil aérodynamique tandis que le « plunge » relève d'un mouvement vertical du bout de la pale. La deuxième partie de l'article présente une étude analytique du phénomène de flottement. Ceci est très important, car les équations de transports de l'écoulement, les modèles de turbulence et le comportement dynamique de la structure sont essentiels pour la définition d'un modèle simplifié (« lumped ») basé sur des équations Lagrangiennes pour caractériser le phénomène. Ensuite, nous présentons les outils des logiciels ANSYS et CFX pour permettre la simulation du phénomène basée sur une interaction fluide-structure. En utilisant l'outil multi-domaine d'ANSYS (MFX) dans l'interface Workbench, la partie aérodynamique de la problématique est modélisée par le biais du logiciel CFX tandis que la partie structurale est modélisée avec le logiciel ANSYS. MFX permet un échange de données entre les deux modules pour modéliser l'interaction fluide-structure. Afin de valider notre modèle, nous avons comparé nos résultats avec des données expérimentales détaillées provenant du Langley Institute de la NASA et obtenues par Jennifer Heeg [39]. En premier lieu, les résultats obtenus avec le modèle simplifié (« lumped ») sont illustrés selon une variation de l'angle d'attaque en fonction du temps et de la variation du coefficient d'amortissement global du système en fonction de la vitesse de la pale. En deuxième lieu, nous présentons, pour les mêmes cas de calcul, les résultats obtenus avec les outils CFD en mettant l'emphase sur le fait que la méthode simplifiée est avantageuse dans une application de contrôle en temps réel.

Ce deuxième article, intitulé « Modeling of Aerodynamic Flutter on a NACA 4412 Airfoil Wind Blade», fut élaboré par moi-même ainsi que par les professeurs Adrian Ilinca, Hussein Ibrahim et Noureddine Barka. Il fut accepté pour publication dans sa version finale en 2011 par le comité de «International Conference on Integrated Modeling and Analysis in Applied Control and Automation (IMAACA)». Cet article fut d'ailleurs primé comme meilleur article de la conférence. En tant que premier auteur de cet ouvrage, j'ai participé aux simulations et à la rédaction de l'article. Cet article a été présenté à la conférence « 5th International Conference on Integrated Modeling and Analysis in Applied Control and Automation» qui a eu lieu à Rome, Italie du 12 au 15 septembre 2011.

Modeling of Aerodynamic Flutter on a NACA 4412 Airfoil Wind Turbine Blade

Drishtysingh Ramdenee[a], H. Ibrahim[b], N.Barka[a], A.Ilinca[a]

[a]Wind Energy Research Laboratory, Université du Québec à Rimouski, Canada.G5L3A1
[b]Wind EnergyTechnocentre, Murdochville, Canada. G0E1W0

[a]dreutch@hotmail.com, [b] hibrahim@eolien.qc.ca

Abstract

Study of aeroelastic phenomena on wind turbines (WT) has become a very important issue when it comes to safety and economical considerations as WT tend towards gigantism and flexibility. At the Wind Energy Research Laboratory (WERL), several studies and papers have been produced, all focusing on computational fluid dynamics (CFD) approaches to model and simulate different aeroelastic phenomena. Despite very interesting obtained results; CFD is very costly and difficult to be directly used for control purposes due to consequent computational time. This paper, hence, describes a complementary lumped system approach to CFD to model flutter phenomenon. This model is based on a described Matlab-Simulink model that integrates turbulence characteristics as well as characteristics aerodynamic physics. From this model, we elaborate on flutter Eigen modes and Eigen values in an aim to apply control strategies and relates ANSYS based CFD modeling to the lumped system.

Index Terms: flutter, Computational fluid dynamics, lumped system, Matlab-Simulink, ANSYS

I.   NOMENCLATURE

α *Angle of attack*

w_g *Centre of gravity*

ψ_{lo} *Longitudinal Speed Turbulence Spectrum*

ψ_{la} *Lateral Speed Turbulence Spectrum*

ψ_v *Vertical Speed Turbulence Spectrum*

θ *Plunge angle*

M *Aerodynamic moment*

II.   INTRODUCTION

As wind turbines become increasingly larger and more flexible, concerns are increasing about their ability to sustain both static and dynamic charges. When it comes to static loads, the calculation is fairly easy and IEC norms adequately set the standards for the manufacturing industry. However, when it comes to dynamic loads, the modeling is far more complex as we need to include the rotational movement, the bending, induced by the air-structure interactions that can generate divergence, dynamic stall or flutter. The main aim of modeling these phenomena is to be able to apply mitigation actions to avoid them as they are extremely damageable for wind turbines. In this article, we will model one of the most destructive aeroelastic phenomena - flutter via Matlab/Simulink and compare our results with ANSYS – CFX based CFD generated results. The aim of the Simulink based modeling is to set up an integrated model that can more easily be incorporated in a control strategy to limit operations in critical vibration conditions. Aerodynamic flutter is a dynamic aeroelastic phenomenon characterized by blade response with respect to changes of the fluid flow such as external atmospheric disturbances and gusts. Flutter is a very dangerous phenomenon resulting from an interaction between elastic, inertial and aerodynamic forces. This takes place when the structural damping is not sufficient to damp the vibration movements introduced by the aerodynamic effects. Flutter can take place for any object in an intense fluid flow and condition of positive retroaction. In other words, the vibratory movement of the object increases an aerodynamic solicitation, which, in turn, amplifies the structural vibration. When the energy developed during the excitation period is larger than the normal system dumping, the vibration level will increase leading to flutter. The latter is characterized by the superposition of two structural modes – the pitch and plunge movement. When wind speed increases, the frequency of these vibration modes coalesce to create the resonance of flutter.

III.   FLUTTER PHENOMENON

As previously mentioned, flutter is caused by the superposition of two structural modes – pitch and plunge. The pitch mode is described by a rotational movement about the elastic centre of the airfoil whereas the plunge mode is a vertical up and down motion at the blade tip. Theodorsen [1-3] developed a method to analyze aeroelastic stability. The technique is described by equations (1) and (2). α is the angle of attack (AoA), α_0 is the static AoA, C(k) is the Theodorsen complex valued function, h the plunge height, L is the lift vector positioned at 0.25 of the chord length, M is the pitching moment about the elastic axis, U is the free velocity, ω is the angular velocity and a, b, d1 and d2 are geometrical quantities as shown in figure 1.

46

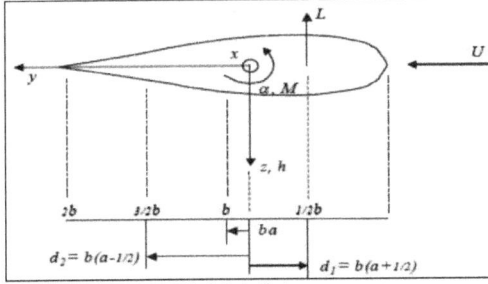

Figure 1: Model defining parameters

$$L = 2\pi\rho U^2 b \left\{ \frac{i\omega C(k) h_0}{U} + C(k)\alpha_0 + [1 + C(k)(1 - 2a)] \frac{i\omega b \alpha_0}{2U} - \frac{\omega^2 b h_0}{2U^2} + \frac{\omega^2 b^2 a \alpha_0}{2U^2} \right\} \qquad (1)$$

$$M = 2\pi\rho U^2 b \left\{ d_1 \left[\frac{i\omega C(k) h_0}{U} + C(k)\alpha_0 + [1 + C(k)(1 - 2a)] \frac{i\omega b \alpha_0}{2U} \right] + d_2 \frac{i\omega b \alpha_0}{2U} - \frac{\omega^2 b^2 a}{2U^2} h_0 + \left(\frac{1}{8} + a^2 \right) \frac{\omega^2 b^3 \alpha_0}{2U^2} \right\} \qquad (2)$$

The Theodorsen equation can be rewritten in a form that can be entered and analyzed in Matlab Simulink as follows:

$$L = 2\pi\rho U^2 b \left\{ \frac{C(k)}{U} \dot{h} + C(k) \propto + [1 + C(k)(1 - 2a)]] \frac{b}{2U} \dot{\propto} + \frac{b}{2U^2} \ddot{h} - \frac{b^2 a}{2U^2} \ddot{\propto} \right\} \qquad (3)$$

$$M = 2\pi\rho U^2 b \left\{ d_1 \left[\frac{C(k) \dot{h}}{U} + C(k) \propto + \left[1 + C(k)(1 - 2a) \frac{b}{2U} \dot{\propto} \right] \right] + d_2 \frac{b}{2U} \dot{\propto} + \frac{ab^2}{2U^2} \ddot{h} - \left(\frac{1}{8} + a^2 \right) \frac{b^3 \ddot{\propto}}{2U^2} \right\} \qquad (4)$$

IV. FLUTTER MOUVEMENT

Flutter can be triggered by a rotation of the profile (t=0 seconds in figure 2). The increase in the force adds to the lift such that the profile tend to undertake a vertical upward movement. Simultaneously, the torsion rigidity of the structure returns the profile to the zero pitch position (t=T/4 in figure 2). The flexion rigidity of the structure tries to return the profile to its neutral position but the profile now adopts a negative angle of attack (t=T/2 in figure 2). Once again, the increase in the aerodynamic force imposes a vertical downwards movement and the torsion rigidity returns the profile to zero angle of attack position. The cycle ends when the profile returns to a neutral position with a positive angle of attack. With time, the vertical movement tends to get damped whereas the rotational movement diverges. If the movement is left to repeat, the rotation induced forces will lead to failure of the structure.

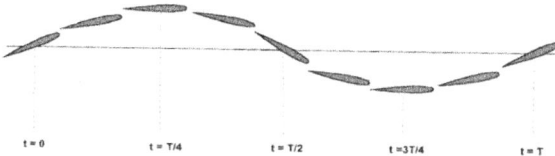

Figure 2: Illustration of the flutter movement

47

In order to understand this complex phenomenon, we describe flutter as follows: Aerodynamic forces excite the mass–spring system illustrated in figure 3. The plunge spring represents the flexion rigidity of the structure whereas the rotation spring represents the rotation rigidity.

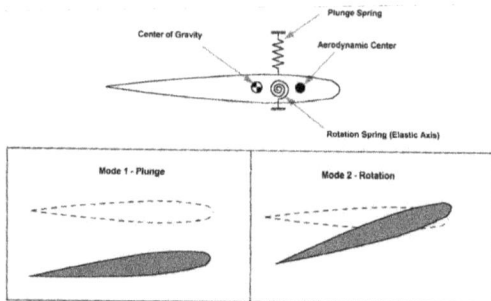

Figure 3: Illustration of both pitch and plunge

V.   FLUTTER EQUATIONS

Initially, it is important to find a relationship between the generalized coordinates and the angle of attack of the model. This will be essential in the computation of the aerodynamic forces. From [4], the relationship between the angle of attack and the coordinates can be written as:

$$\alpha(x,y,t) = \theta_T + \theta(t) + \frac{\dot{h}(t)}{U_0} + \frac{l(x)\dot{\theta}(t)}{U_0} - \frac{w_g(x,y,t)}{U_0} \tag{5}$$

From these energy equations, the Lagrangian equations are constructed for the mechanical system. The first one corresponds to the vertical displacement z and the other is subject to the angle of attack α.

Hence:

$$J_0\ddot{\alpha} + md\cos(\alpha)\ddot{z} + c(\alpha - \alpha_0) = M_0 \tag{6}$$

and

$$m\ddot{z} + md\cos(\alpha)\ddot{\alpha} - m\sin(\alpha)\dot{\alpha}^2 + kz \tag{7}$$

In order to enable numerical solving of these equations, we need to express F_z and M_0 as polynomials of α. Moreover; $F_z(\alpha) = \frac{1}{2}\rho SV^2 C_z(\alpha)$ and $M_0(\alpha) = \frac{1}{2}\rho LSV^2 C_{m0}(\alpha)$ for S being the surface of the blade, C_z, the lift coefficient, C_{m0} being the pitch coefficient, F_z being the lift, M_0, the pitch moment. C_z and C_m values are extracted from NACA 4412. Degree 3 interpolations for C_z and C_m with respect to the AoA are given below:

$$C_z = -0.0000983\, \alpha^3 - 0.0003562\alpha^2 + 0.1312\alpha + 0.4162 \tag{8}$$

$$C_{m0} = -0.00006375\alpha^3 + 0.00149\alpha^2 - 0.001185\, \alpha - 0.9312 \tag{9}$$

VI.   MATHLAB-SIMULINK AND ANSYS-CFX TOOLS

Reference [5] describes the Matlab included tool Simulink as an environment for multi-domain simulation and Model-Based Design for dynamic and embedded systems. It provides an interactive graphical environment and a customizable set of block libraries that let you design, simulate, implement, and test a variety of time-varying systems. For the flutter modeling project the aerospace blockset of Simulink has been used. The Aerospace Toolbox product provides tools like reference standards, environment models, and aerospace analysis pre-programmed tools as well as aerodynamic coefficient importing options. Among others, the wind library has been used to calculate wind shears and Dryden and Von Karman turbulence. The Von Karman Wind Turbulence model uses the Von Karman spectral representation to add turbulence to the aerospace model through pre-established filters. Turbulence is represented in this blockset as a stochastic process defined by velocity spectra. For a blade in an airspeed V, through a frozen turbulence field, with a spatial frequency of Ω radians per meter, the circular frequency ω is calculated by multiplying V by Ω. For the longitudinal speed, the turbulence spectrum is defined as follows:

$$\psi_{lo} = \frac{\sigma^2_\omega}{V L_\omega} \cdot \frac{0.8(\frac{\pi L_\omega}{4b})^{0.3}}{1 + \left(\frac{4b\omega}{\pi V}\right)^2} \tag{10}$$

where L_ω represents the turbulence scale length and σ is the turbulence intensity. The corresponding transfer function used in Simulink is expressed as:

$$\psi_{lo} = \frac{\sigma_u \sqrt{\frac{2}{\pi}\frac{L_v}{V}}\,(1 + 0.25\frac{L_v}{V} s)}{1 + 1.357\frac{L_v}{V}s + 0.1987\left(\frac{L_v}{V}s\right)^2 s^2} \tag{11}$$

For the lateral speed, the turbulence spectrum is defined as:

$$\psi_{la} = \frac{\mp\left(\frac{\omega}{V}\right)^2}{1 + \left(\frac{3b\omega}{\pi V}\right)^2} \cdot \varphi_v(\omega) \tag{12}$$

49

and the corresponding transfer function can be expressed as :

$$\psi_{la} = \frac{\mp \left(\frac{s}{V}\right)^1}{1 + \left(\frac{3b}{\pi V} s\right)^1} \cdot H_v(s) \tag{13}$$

Finally, the vertical turbulence spectrum is expressed as follows:

$$\psi_v = \frac{\mp \left(\frac{\omega}{V}\right)^2}{1 + \left(\frac{4b\omega}{\pi V}\right)^2} \cdot \varphi_\omega(\omega) \tag{14}$$

and the corresponding transfer function is expressed as follows:

$$\psi_v = \frac{\mp \left(\frac{s}{V}\right)^1}{1 + \left(\frac{4b}{\pi V} s\right)^1} \cdot H_\omega(s) \tag{15}$$

The Aerodynamic Forces and Moments block computes the aerodynamic forces and moments about the center of gravity. The net rotation from body to wind axes is expressed as:

$$C_{\omega \leftarrow b} = \begin{bmatrix} \cos(\alpha)\cos(\beta) & \sin(\beta) & \sin(\alpha)\cos(\beta) \\ -\cos(\alpha)\sin(\beta) & \cos(\beta) & -\sin(\alpha)\sin(\beta) \\ -\sin(\alpha) & 0 & \cos(\alpha) \end{bmatrix} \tag{16}$$

On the other hand, the fluid structure interaction to model aerodynamic flutter was made using ANSYS multi domain (MFX). The drawback of the ANSYS model is that it is very time and memory consuming. However, it provides a very good option to compare and validate simplified model results and understand the intrinsic theories of flutter modelling. On one hand, the aerodynamics of the application is modelled using the fluid module CFX and on the other side, the dynamic structural part is modelled using ANSYS structural module. An iterative exchange of data between the two modules to simulate the flutter phenomenon is done using the Workbench interface. Details of this modelling are available in [6].

VII. EXPERIMENT FOR VALIDATION

Reference [7] makes a literature review of work performed on divergence and flutter. It is clear from there that most work has been performed on the control and mitigation of such phenomena without emphasizing on the modelling. This is mainly because the latter is very complex and the aim is primarily to avoid these phenomena. The aims of the studies conducted in by Heeg [8] were to: 1) to find the divergence or flutter dynamic pressure; 2) to examine the modal characteristics of non-critical modes, both in subcritical and at the divergence condition; 3) to examine the eigenvector behaviour. The test was conducted by setting as close as possible to zero the rigid angle of attack,

α_0, for a zero airspeed. The divergence/flutter dynamic pressure was determined by gradually increasing the velocity and measuring the system response until it became unstable. The results of [8] will be compared with our aerospace blockset-based obtained model.

VIII. RESULTS

We will first present the results obtained by modelling AoA for configuration # 2 in [8] for an initial αAoA of $0°$. As soon as divergence is triggered, within 1 second the blade oscillates in a very spectacular and dangerous manner. This happens at a dynamic pressure of 5,59 lb/pi2 (268 N/m2). Configuration #2 uses, in the airfoil: 20 elements, unity as the normalized element size and unity as the normalized airfoil length. Similarly, the number of elements in the wake is 360 and the corresponding normalized element size is unity and the normalized wake length is equal to 2. The result obtained in [8] is illustrated in figure 2:

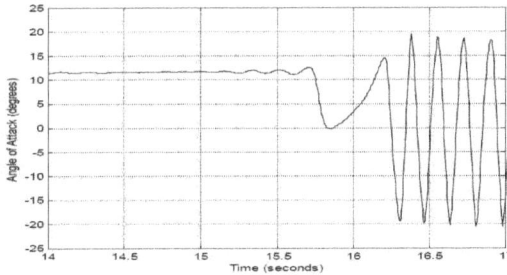

Figure 4: Flutter response- an excerpt from [8]

We can notice that at the beginning there is a non-established instability followed by a recurrent oscillation. The peak to peak distance corresponds to around 2.5 seconds, that is, a frequency of 0.4 Hz. The oscillation can be defined approximately by amplitude of $0° \pm 17°$. The same modelling was performed using the Simulink model and the result for the AoA variation and the plunge displacement is shown below:

51

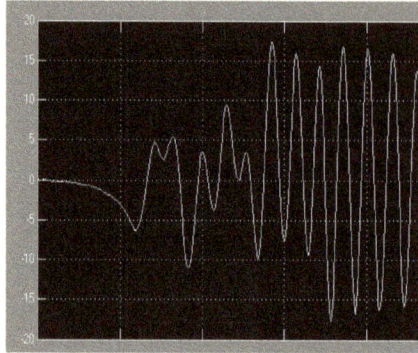
Figure 5: Flutter response obtained from Matlab Aerospace blockset

We can note that for the AoA variation, the aerospace blockset based model provides very similar results with J. Heeg results. The amplitude is, also, around $0^0 \pm 17^0$ and the frequency is 0.45 Hz. Furthermore, we notice that the profile of the variation is very similar. We can conclude that the aerospace model does represent the flutter in a proper manner. It is important to note that this is a special type of flutter. The frequency of the beat is zero and, hence, represents divergence of "zero frequency flutter". Using Simulink, we will vary the angular velocity of the blade until the eigenmode tends to a negative damping coefficient. The damping coefficient, ξ is obtained as: $\xi = \dfrac{c}{2m\omega}$, ω is measured as the Laplace integral in Simulink, c is the viscous damping and $\omega = \sqrt{\dfrac{k}{m}}$.

Table 1 below gives a summary of the obtained results of damping coefficient against rotor speed which are plotted in figure 4.

Table 1: Damping coefficient and frequency mode

Rotor Speed (Hz)	Damping Coefficient	Frequency of flutter mode (Hz)
0.1	0.0082	9.4
0.3	0.0731	8.721
0.45	0.1023	8.2532
0.6	0.2013	7.5324
0.65	0.15343	7.01325
0.7	0.08931	6.4351
0.75	-0.09321	6.33
0.8	-0.099315	5.5835

52

We can note that as the rotation speed increases, the damping becomes negative such that the aerodynamic instability which contributes to an oscillation of the profile is amplified. We also notice that the frequency reduces and becomes nearer to the natural frequency of the system. This explains the reason for which flutter is usually very similar to resonance as it occurs due to a coalescing of dynamic modes close to the natural vibrating mode of the system.

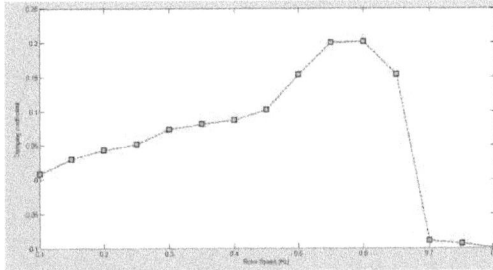

Figure 6: Damping coefficient against rotational speed

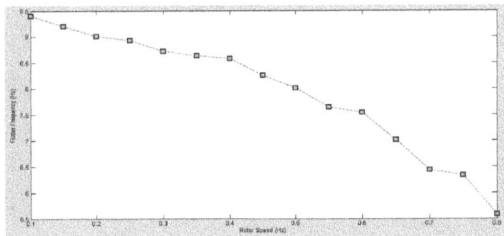

Figure 7: Flutter frequency against rotor speed

We, now present the results obtained for the same case study using ANSYS – CFX. We notice that the frequency of the movement using Matlab is 6.5 Hz that using the ANSYS-CFX model, 6.325 Hz and that obtained from Jennifer Heeg experiments 7.1Hz. Furthermore, the amplitudes of vibration are very close as well as the trend of the oscillations. For points noted 1, 2 and 3 on the flutter illustration, we exemplify the relevant flow over the profile. The maximum air speed at moment noted 1 is 26.95 m/s. we note such a velocity difference over the airfoil that an anticlockwise moment will be created which will cause an increase in the angle of attack. Since the velocity, hence, pressure difference, is very large, we note from the flutter curve, that we have an overshoot. The velocity profile at moment 2, i.e., at 1.88822 s shows a similar velocity disparity, but of lower intensity. This is visible as a reduction in the gradient of the flutter curve as the moment on the airfoil is reduced. Finally at moment 3, we note that the velocity profile is, more or less, symmetric over the airfoil such that the moment is momentarily zero. This corresponds to a maximum stationary point on the

53

flutter curve. After this point, the velocity disparity will change position such that angle of attack will again increase and the flutter oscillation trend maintained, but in opposite direction. This cyclic condition repeats and intensifies as we have previously proved that the damping coefficient tends to a negative value.

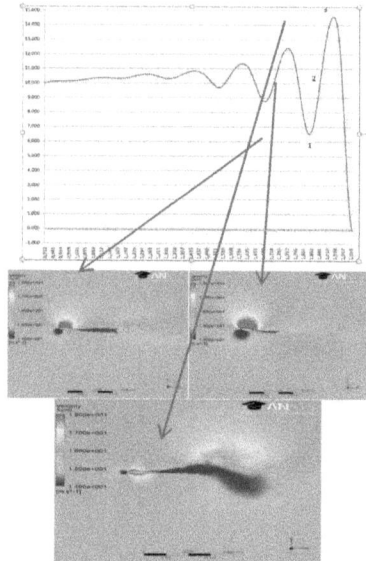

Figure 7: Flutter simulation with ANSYS-CFX at 1) 1.8449 s, 2) 1.88822 s and 1.93154s

IX. DISCUSSION AND FUTURE OF THE PROJECT

In this article, we have detailed the aims and steps of modeling flutter using Simulink. The obtained results are very close to those obtained by Heeg [8]. The model furthermore enables monitoring of the damping with respect to rotational speed. Coupled with the eigenvalues and eigen frequencies analysis, the model enables a satisfactory representation of the phenomenon and a very conducive form for incorporation in a control strategy. However, this model needs to be further tried and refined to include other aspects such as rapid change in the wind speed (gusts), the flexibility of the model to adapt to different airfoils, etc. In future studies, the model will be used on different airfoils and for various wind regimes. Furthermore, additional variables will be entered in the model such as thermal variability. Once, the model is optimized enough to approach experimental results, control strategies will be applied to damp the vibrations. In an initial phase, classic control strategies such as the "Proportional Integration Differentiator Filter" models, cascade models, internal models, and Smith predictive models will be used. In a second phase, if required, a neural network control will be tested on the model.

X.   CONCLUSION

In this article we modeled the very complex and dangerous flutter phenomenon. In an initial phase, we described the phenomenon and the equations characterizing it analytically. This was done by emphasizing on the required fluid-structure interaction. The article then ponders on the Matlab and ANSYS models used to simulate the phenomena as well as the experimental work used to validate our results. Both ANSYS and Matlab have given very interesting results. However, it can be noted that Matlab can only propose the aerodynamics coefficient curves while ANSYS can provide both the aerodynamic characteristics of the response and visualisation of the different flow fields along the airfoil at all time. It must be emphasized that the use of one model or the other must be based on several criteria. ANSYS requires very large computational capacity whereas the Matlab model is very less demanding. For academic and research needs, the ANSYS model proves to be very interesting as the generated flow fields help to understand the intrinsic phenomena that causes flutter. On the other hand, the Matlab model is better suited for industrial applications, as the model can be directly integrated in a control strategy and the flutter phenomenon avoided.

XI.   REFERENCES

[1] Theodorsen, T., General theory of aerodynamic instability and the mechanism of flutter, NACA Report 496, 1935.

[2].Fung, Y. C., An Introduction to the Theory of Aeroelasticity. Dover Publications Inc.: New York, 1969; 210-216.

[3].Dowell, E. E. (Editor), A Modern Course in Aeroelasticity. Kluwer Academic Publishers: Dordrecht, 1995; 217-227.

[4] A.G Chervonenko et al, "Effect of attack angle on the nonstationary aerodynamic characteristics and flutter resistance of a grid of bent vibrating compressor blades" UDC 621.515/62-752.

[5] Mathworks.com/products/simulink.

[6] D.Ramdenee et al. "Numerical Simulation of the Divergence Phenomenon on a NACA 4412 Airfoil-Part 2" Canadian Society of Mechanical Engineering Conference, University of Victoria, British Columbia, June 2010.

[7] D.Ramdenee et al. "Numerical Simulation of the Divergence Phenomenon on a NACA 4412 Airfoil-Part 1" Canadian Society of Mechanical Engineering Conference, University of Victoria, British Columbia, June 2010.

[8] J. Heeg "Dynamic Investigation of Static Divergence: Analysis and Testing" Langley Research Center, Hampton, Virginia.

[9] D.Ramdenee et al. "Numerical Simulation of the StallPhenomenon on an S 809 Airfoil" CFD Society , University of West Ontario,London, Ontario. 2010.

[10] D.Ramdenee et al. "Numerical Simulation of the Divergence phenomenon" CFD Society , Montreal. 2011.

CHAPITRE 4
CONCLUSION GÉNÉRALE

4.1 BILAN ET AVANCEMENT DES CONNAISSANCES

Les phénomènes aéroélastiques sont des effets destructifs et diminuent de manière importante la viabilité des turbines éoliennes, ils présentent des défis considérables lors de la conception des turbines éoliennes et l'optimisation de leurs performances. Ces phénomènes, comme nous l'avons constaté au long de ce mémoire, sont fort complexes. Ils relèvent d'une interaction entre l'écoulement en régime non-stationnaire et les déformations ou vibrations de la structure. Il est donc nécessaire de modéliser les effets aérodynamiques d'une part et les forces d'inertie, élastiques et d'amortissement de la pale d'autre part. En d'autres mots, les phénomènes aéroélastiques sont l'effet du couplage entre les forces aérodynamiques, d'inertie, élastiques et d'amortissement qui agissent sur un objet. Une revue de littérature nous a permis de constater que très peu de travaux existent sur la modélisation et la simulation des effets aéroélastiques à partir de leur apparition jusqu'au bris de la structure. De nombreuses raisons justifient cela : les expérimentations à grandes échelles en laboratoire sont très coûteuses et destructives, les simulations par le biais d'outils CFD sont très complexes et très exigeantes au niveau des ressources informatiques. De plus, pour prévenir les bris en cas d'apparition de phénomènes aéroélastiques, l'idée fut surtout de prédire les conditions d'apparition de ces phénomènes et d'arrêter les turbines. Cependant, cette façon de faire diminue le rendement énergétique et les freinages rajoutent aux sollicitations sur les pièces.

Ce travail propose des outils et présente des résultats en vue de pouvoir appliquer un contrôle plus précis et moins dommageable sur les turbines éoliennes. Les travaux ont porté sur l'évaluation des performances des différents logiciels, la calibration des paramètres du maillage, l'évaluation des performances des modèles de turbulence et de transition. Le but principal a été d'évaluer la capacité de notre méthodologie à modéliser les phénomènes aéroélastiques comme le décrochage dynamique, la divergence et le flottement. L'objectif de cette étude s'insère dans une approche pour circonscrire les effets aéroélastiques, de connaitre les zones de fonctionnement sans risques dans un but futur d'appliquer des stratégies de contrôle sur les pales afin de réduire les risques que la pale fonctionne dans des régimes propices aux phénomènes aéroélastiques.

Afin de simuler les effets aéroélastiques, nous avons utilisé la mécanique des fluides numérique (CFD) combinée à l'analyse structurale à l'aide des éléments finis. Les logiciels ANSYS et CFX furent choisis pour permettre l'étude de l'interaction fluide-structure en premier lieu à cause de la représentation précise de la physique des phénomènes autant au niveau fluide que structure et ensuite pour la faciliter d'intégration des deux modules dans un environnement de calcul (Workbench). Ce travail, ainsi que d'autres portants sur l'utilisation de ces logiciels, ont permis au Laboratoire de Recherche en Énergie Éolienne d'acquérir une expertise dans l'utilisation de ces logiciels dans des applications diverses impliquant non seulement les études aérodynamiques ou l'interaction fluide-structure mais aussi les écoulements bi-phasiques pour simuler l'accrétion de glace.

Préalablement à la simulation des phénomènes aéroélastiques, le domaine de calcul a dû être calibré pour diminuer les effets des frontières virtuelles dans le cas d'un domaine trop petit. Cependant, la taille du domaine est limitée par les capacités de calcul disponibles.

Le choix d'un modèle de turbulence permettant la clôture des équations moyennes de Navier-Stokes et qui prédit correctement les écoulements instationnaires avec de larges zones de séparation, spécifiques des phénomènes aéroélastiques, a aussi fait l'objet d'une analyse détaillée. Les prédictions obtenues avec trois des modèles de turbulence disponibles dans CFX ont été comparées à différents angles d'attaques et conditions instationnaires. Le modèle « $k - \omega\,SST$ » a présenté les meilleures corrélations en considérant l'ensemble des régimes à étudier. Ceci est dû à une meilleure représentation du transport des contraintes de cisaillement qui retarde les effets de la séparation de la couche limite, surtout en régime instationnaire et qui, dans le cas des autres modèles se traduit par des différences, parfois importantes, entre les résultats numériques et les données expérimentales.

En plus des modèles de turbulence, nous avons aussi évalué la performance de plusieurs modèles de transition. Nous avons conclu que pour de faibles angles d'attaque, de moins de 14^0, un modèle de transition de type « $k - \omega\,SST - intermittency$ » est le plus performant tandis que pour des angles d'attaques plus élevés, un modèle de turbulence de type « $k - \omega\,SST - purely\ turbulent$ » est plus adapté.

La modélisation du décrochage dynamique nous a permis d'obtenir des résultats proches des données expérimentales pour de faibles angles d'attaque. Pour des angles plus élevés, avec des zones de séparation plus larges, nous trouvons des oscillations aléatoires dans les données expérimentales et dans les résultats numériques. Bien que le couplage fluide-structure dans ce cas soit faible, c'est-à-dire que le mouvement du corps solide rigide est imposé, sans calcul des déformations, le temps de calcul pour chaque simulation est très grand (environ 28 heures) pour une simulation du décrochage avec séparation. De plus, la mémoire de stockage requise pour chaque simulation est de l'ordre de 70 Go. La simulation de ce phénomène est, donc, très exigeante en termes de capacité et temps de calcul. Il serait difficile d'utiliser cette méthode pour appliquer un contrôle en temps réel. Cependant, cette avenue de simulation est très utile, car le phénomène est non linéaire et le développement d'équations analytiques pour simuler le décrochage est impossible.

La divergence aéroélastique a aussi été simulée en utilisant le logiciel ANSYS – CFX. La difficulté avec ce phénomène hautement couplé est que l'interaction fluide-structure requière un rythme de transfert de données très élevé entre les modules fluide et structural. Bien que nous ayons utilisé un pas de temps aussi petit que les ressources disponibles nous l'ont permis, il fut difficile d'arriver à des résultats fiables. De plus, les simulations ont dû se faire sur des échelles de temps très faibles, car le calcul est très long. Il faut aussi préciser que même les rares données expérimentales de Jennifer Heeg obtenues au Langley Institute de la NASA [39] ne peuvent garantir la qualité des résultats. Nous voyons que le niveau de calcul et la variation des paramètres sont si élevés que les méthodes utilisées montrent des lacunes. Il est important de développer des techniques qui permettent d'utiliser un pas de temps variable et un maillage adaptatif. Dans le cas contraire, afin de pouvoir faire des calculs de couplage fort, l'usage d'ordinateurs de très haute performance est requis.

En ce qui concerne la modélisation du flottement, les demandes en capacité et temps de calcul sont encore plus importantes. Nous avons remarqué, suite à une revue de littérature détaillée, que très peu de travaux ont été mené sur la modélisation du flottement en tant que tel à l'exception du travail de Jennifer Heeg [39]. La raison, autre le fait que les besoins en calculs sont énormes, vient aussi du fait que la priorité industrielle de cette modélisation est de pouvoir éviter ces phénomènes. La plupart des travaux se sont attardés sur l'étude des fréquences jusqu'à la zone d'instabilité, le but étant de déceler le début de l'instabilité et d'arrêter la turbine ou d'appliquer un contrôle quelconque. Dans cette optique nous avons développé avec l'aide du « Aerospace Blockset » de l'outil Simulink de Matlab, une méthode de simulation du flottement. Nous obtenons des résultats proches de la simulation de J. Heeg [39]. Cette modélisation permet de faire des simulations rapidement et, dans ce sens, il est possible de l'appliquer pour un contrôle en temps réel.

Nous voyons que dans un cadre académique, la modélisation sur ANSYS-CFX est très intéressante, mais vu le temps de calcul énorme requis et l'impossibilité de son utilisation pour contrôler en temps réel le phénomène, elle est moins applicable en pratique. Dans un cadre industriel, l'accent est mis sur une modélisation rapide qui permet l'implantation d'une stratégie de contrôle en temps réel.

4.2 LIMITATIONS DE RECHERCHE

Dans le cas de nos simulations CFD, nous avons validé la précision des techniques utilisées. Cependant, des limitations existent au niveau des résultats. Ceci est dû au fait que nous ne pouvions utiliser un maillage plus fin, ni un pas de calcul plus petit, car nos ressources informatiques ne nous le permettaient pas.

Aussi, dans le cas du flottement, les résultats expérimentaux de [39] sont eux-mêmes des imprécisions intrinsèques aux méthodes de prises de données expérimentales. Ces imprécisions s'expliquent par le fait que les appareils de mesure ne sont pas assez sensibles aux changements à haute fréquence. L'analyse des résultats du flottement porte sur une comparaison entre les nôtres et ceux obtenus par J. Heeg [39].

Finalement, nos simulations portant sur le flottement aérodynamique en vue de mettre en place un contrôle intelligent ont été faites pour quelques scénarios définis. Afin de construire l'algorithme de contrôle, il serait impératif de générer des résultats pour un plus grand nombre de scénarios. Nous n'avons pas pu compléter cette étape par manque de temps et ressources informatiques appropriées.

4.3 TRAVAUX FUTURS

Ce travail a permis de valider, pour une des premières fois, l'utilisation d'un logiciel commercial qui combine la modélisation du fluide avec celle de la structure (ANSYS-CFX), pour la simulation des phénomènes aéroélastiques avec des ressources relativement modestes (PC ordinaire).

Dans le futur, l'atteinte d'objectifs plus ambitieux est conditionnelle à l'accès à des capacités de calcul adéquates, qui permettent l'utilisation des maillages plus fins et des pas de calculs plus petits. De plus, il faudrait aussi augmenter la précision et optimiser les calculs en utilisant des maillages adaptatifs, cette fonctionnalité n'étant pas encore disponible dans le logiciel commercial utilisé. En d'autres mots, le modèle futur devra pouvoir déceler les zones de forts gradients et y raffiner automatiquement le maillage pour une meilleure convergence.

Il sera aussi important de simuler les phénomènes aéroélastiques pour un plus grand nombre de scénarios (météorologiques et types de pale). Ceci sera important pour la conception d'un algorithme de contrôle générique.

RÉFÉRENCES BIBLIOGRAPHIQUES

1. Association Canadienne de l'énergie éolienne. «Le Canada devient le 12ème pays au monde à dépasser 2000 MW de puissance éolienne installée», 10 décembre 2008.

2. Ahlstrom A. «Aeroelastic simulation of wind turbine Dynamics». Doctoral Thesis in Structural Mechanics, KTH, Sweden, 2005.

3. Raymond. L. Bisphlinghoff, Holt Ashley and Robert. Halfman, Aeroelasticity, Dover Publications, 1988.

4. D.Ramdenee et A. Ilinca, « An Insight into Computational fluid dynamics », Rapport Interne, Université du Québec à Rimouski, 2011.

5. I. Visscher et G.Winckelmans, « Wake vortex models, and the associated 3-D velocity fields, for real-time and fast-time WVE simulations», WakeNEt3-Europe Specific Workshop, Models and Methods for Wake Vortex Simulations, Berlin, 2001.

6. Jens Nørkær Sørensen et Carsten Weber Kock « A model for unsteady rotor aerodynamics », Journal of Wind Engineering and Industrial Aerodynamics, 1995.

7. D.Ramdenee et al, «Numerical Simulation of Ice Accretion and Mitigation Methods on Wind Blades », World Renewable Energy Conference, Sweden. 2011.

8. D.Ramdenee et al, «Optimisation du Confort Thermique dans une chambre par la Modélisation Numérique», Xe Colloque Inter Universitaire Franco-Québécois sur la Thermique des Systèmes. Chicoutimi. 2011.

9. F. Rasmussen, M.H. Hansen, K. Thomsen, T.J. Larsen, F. Bertagnolio, et al. « Present status of aeroelasticity of wind turbines ». Wind Energy, 6: 213–28, 2003.

10. Fung, Y.C., 1993. « An Introduction to the Theory of Aeroelasticity ». Dover Publications Inc., New York.

11. VISCWIND, « Viscous effects on wind turbine blades », final report on the JOR3-CT95-0007, Joule III project, Technical Report ET-AFM-9902, Technical University of Denmark, 1999.

12. Ham, Norman D. « A stall flutter of helicopter rotor blades: A special case of the dynamic stall phenomenon». Massachusetts Institute of Tech, Cambridge, May 1967.

13. K. Hideki, Y.Hidenorihayama. « Numerical Simulations of 3-Dimensional Dynamic Stall Phenomena of Blade Tip», Proceedings of Aircraft Symposium, Z0902A.

14. P. Bowles, T.Corkey and E.Matlisz. « Stall detection on a leading-edge plasma actuated pitching airfoil utilizing onboard measurement ». Center for Flow Physics and Control (FlowPAC), University of Notre Dame.

15. Leishman, J.G., Beddoes, T.S., 1986a. « A semi-empirical model for dynamic stall » Journal of the American Helicopter Society 34, 3–17.

16. Øye, S. « Dynamic stall simulated as time lag of separation ». Technical Report, Department of Fluid Mechanics, Technical, University of Denmark,1991.

17. Hansen, M.H., Gaunaa, M., Madsen, H.A. « A Beddoes–Leishman type dynamic stall model in state-space and indicial formulations ». Risø-R-1354(EN), Risø National Laboratory, Roskilde, Denmark, 2004.

18. Tran, C.T., Petot, D. « Semi-empirical model for the dynamic stall of airfoils in view of the application to the calculation of responses of a helicopter blade in forward flight ». Vertica 5, 35–53, 1981.

19. Tarzanin, F.J. « Prediction of control loads. Journal of the American Helicopter Society » 17, 33–46, 1972.

20. Gross, D., Harris, F. « Prediction of inflight stalled airloads from oscillating airfoil data » In: Proceedings of the 25th Annual National Forum of the American Helicopter Society, 1969.

21. Srinivasan, G.R., Ekaterinaris, J.A., McCroskey, W.J. « Evaluation of turbulence models for unsteady flows of an oscillating airfoil » Computers and Structures 24, 833–861, 1995.

22. Du, Z., Selig, M.S. « A 3-D stall-delay model for horizontal axis wind turbine performance prediction » In: AIAA-98-0021, pp. 9–19, 1998.

23. Akbari, M.H., Price, S.J. « Simulation of dynamic stall for a NACA 0012 airfoil using a vortex method ». Journal of Fluids and Structures 7, 855–874, 2003.

24. Wernert, P., Geissler, W., Raffel, M., Kompenhans, J. « Experimental and numerical investigations of dynamic stall on a pitching airfoil ». AIAA Journal 34, 982–989, 1996.

25. Suresh, S., Omkar, S.N., Mani, V., Prakash, T.N.G. « Lift coefficient prediction at high angle of attack using recurrent neural network ». Aerospace Science and Technology 7, 595–602, 2003.

26. S. A. Jamshidi, S. Sharif, R. Ahmadi. « A Numerical Investigation on the Dynamic Stall of a Wind Turbine Section Using Different Turbulent Models ». World Academy of Science, Engineering and Technology, 2009.

27. G.W Möhlmann, S.Barth, J. Peinke « Dynamic stall measurements on airfoils ». University of Oldenburg, Germany.

28. Yous and R. Dizene « Numerical investigations on rotor dynamic stall of horizontal axis wind turbine ». Revue des Energies Renouvelables CICME'08 Sousse, 2008.

29. D. Ghosh and Dr.J.Baeder « Numerical Simulation of Dynamic Stall ». Alfred Gersow Rotorcraft Center, Dept of Aerospace Engineering.

30. D. Ghosh and Dr.J.Baeder « Numerical Simulation of Dynamic Stall ». Alfred Gersow Rotorcraft Center, Dept of Aerospace Engineering.

31. Du, Z., Selig, M.S. « The effect of rotation on the boundary layer of a wind turbine blade ». Renewable Energy 20, 167–181, 2000.

32. Diederich, Franklin W., and Bernhard Budiansky, « Divergence of swept wings » NASA publications, November 2000.

33. Krone, Norris J.,Jr. « Divergence Elimination with advanced composites » AIAA Paper No. 75-1009, Aug. 1975.

34. Blair, Maxwell. « Wind tunnel Experiments on the Divergence of Swept Wings with composite structures ». A059721, October 1982.

35. Rodney H.Ricketts, and Robert V.Doggett, Jr. « Wind tunnel Experiments on Divergence of Forward- Swept wings ». Langley Research Center, Hamptou, Virginia. 1980.

36. Sefic, Walter J., and Cleo M.Maxwell. « X29-A Technology demonstrator Flight Test programOverview ». NASA Technical memorandum. Dryden Flight Research Facility, California.1966.

37. Stanley R. Cole, James R. Florance, Lee B. Thmpson, Charles V.Spain and Ellen P.Bullock. « Supersonic Aeroelastic Instability Results for a NASP- like Wing model ». NASA: Langley Research Center, Hampton, Virginia. April 1993.

38. William P. Rodden and Bernhard Stahl. « A strip method for prediction of damping in Subsonic Wind Tunnel and Flight Flutter tests ». J. Aircr. 1969, 6(1), 9-17.

39. Jennifer Heeg ''Dynamic Investigation of Static Divergence : Analysis and Testing'', Langley Research Center, Hampton, Virginia, NASA.

40. Mengchun Yu, Chyanbin Hwu . « Aeroelastic Divergence and Free Vibration of Taperred Composite wings ». National Cheng Kung University, Department of Aeronautics and Astronautics. 16th International Conference on Composite Materials.

41. Streiner, S., Krämer, E., Eulitz, A., Armbruster, P. « Aeroelastic analysis of wind turbines applying 3D - CFD computational results ». Journal of Physics. Conference series 75, 2007.

42. Somers, D.M. «Design and Experimental Results for the S809 Airfoil». NREL/SR-440-6918, 1997.

43. Reuss Ramsay R., Hoffman M. J., Gregorek G. M. «MoodEffects of Grit Roughness and Pitch Oscillations on the S809 Airfoil». Master thesis, NREL Ohio State University, Ohio, NREL/TP-442-7817, December 1995.

www.ingramcontent.com/pod-product-compliance
Lightning Source LLC
Chambersburg PA
CBHW021608210326
41599CB00010B/653